ERGEBNISSE AUS DER PRODUKTIONSTECHNIK

Jan Behrens

Selbstkalibrierung von 5-Achs-Bearbeitungszentren mit Dreh-/Schwenktisch

Herausgeber:
Prof. Dr.-Ing. T. Bergs
Prof. Dr.-Ing. Dipl.-Wirt. Ing. G. Schuh
Prof. Dr.-Ing. C. Brecher
Prof. Dr.-Ing. R. H. Schmitt

Band 39/2022

WZL | RWTH AACHEN UNIVERSITY

Fraunhofer IPT

Bibliografische Information der Deutschen Nationalbibliothek
Die Deutsche Nationalbibliothek verzeichnet diese Publikation in der Deutschen Nationalbibliografie; detaillierte bibliografische Daten sind im Internet über https://portal.dnb.de abrufbar.

Jan Behrens:

Selbstkalibrierung von 5-Achs-Bearbeitungszentren mit Dreh-/Schwenktisch

1. Auflage, 2023

Gedruckt auf holz- und säurefreiem Papier, 100% chlorfrei gebleicht.

Apprimus Verlag, Aachen, 2023
Wissenschaftsverlag des Instituts für Industriekommunikation und Fachmedien an der RWTH Aachen
Steinbachstr. 25, 52074 Aachen
Internet: www.apprimus-verlag.de, E-Mail: info@apprimus-verlag.de

Druck: CPI Druckdienstleistungen GmbH, Ferdinand-Jühlke-Straße 7 | 99095 Erfurt

ISBN 978-3-98555-124-8

D 82 (Diss. RWTH Aachen University, 2022)

Selbstkalibrierung von 5-Achs-Bearbeitungszentren mit Dreh-/Schwenktisch

Self-Calibration of 5-Axis Machining Centers with Rotary/Swivel Table

Von der Fakultät für Maschinenwesen
der Rheinisch-Westfälischen Technischen Hochschule Aachen
zur Erlangung des akademischen Grades eines
Doktors der Ingenieurwissenschaften
genehmigte Dissertation

vorgelegt von

Jan Behrens

Berichter/in:

Univ.-Prof. Dr.-Ing. Christian Brecher
Univ.-Prof. Dr.-Ing. Steffen Ihlenfeldt

Tag der mündlichen Prüfung: 07. Juni 2022

Danksagung

Die vorliegende Arbeit entstand während meiner Tätigkeit als wissenschaftlicher Mitarbeiter im Bereich Produktionsmaschinen am Fraunhofer-Institut für Produktionstechnologie IPT in Aachen.

Zunächst danke ich Herrn Univ.-Prof. Dr.-Ing. Christian Brecher, Institutsleiter des Fraunhofer IPT und Inhaber des Lehrstuhls für Werkzeugmaschinen der Rheinisch-Westfälischen Technischen Hochschule RWTH Aachen, für seine Förderung und Unterstützung meiner Arbeit.

Ebenso danke ich Herrn Univ.-Prof. Dr.-Ing. Steffen Ihlenfeldt, Inhaber der Professur für Werkzeugmaschinenentwicklung und adaptive Steuerungen der Technischen Universität Dresden, für die Übernahme des Koreferats sowie Herrn Univ.-Prof. Dr.-Ing. Georg Jacobs, Leiter des Instituts für Maschinenelemente und Systementwicklung der RWTH Aachen, für die Übernahme des Prüfungsvorsitzes.

Herrn Dr.-Ing. Jakob Flore und Herrn Jürgen Clemens danke ich für ihre Vorarbeit und die vertrauensvolle Übergabe der bestehenden Erkenntnisse. Ihre Hartnäckigkeit und Ausdauer haben dazu geführt, dass das Arbeitsgebiet Maschinenkalibrierung langfristig am Institut etabliert werden konnte. Ohne sie wäre diese Arbeit nicht entstanden.

Weiterhin gilt mein Dank Herrn Dr.-Ing. Christian Wenzel und Herrn Dr.-Ing. Christoph Baum, die an den langfristigen Erfolg des Arbeitsgebietes geglaubt und mir die Freiräume gegeben haben, es nach meinen Vorstellungen zu gestalten.

Besonderer Dank gilt auch Herrn Tae Hun Lee, der meine Begeisterung für das Thema geteilt hat, und mit dem ich gemeinsam wichtige Einsichten gewinnen konnte. Gleiches gilt für Herrn Simon Charlier, bei dem ich mich für seine Geduld bei der Versuchsdurchführung sowie die schöne gemeinsame Zeit bei den zahlreichen Dienstreisen bedanken möchte.

Herrn Daniel Zontar danke ich für seine Bereitschaft, gemeinsam mit Herrn Charlier und mir am Fraunhofer FFE Programm teilzunehmen und die industrielle Anwendbarkeit, der in dieser Arbeit entstanden Erkenntnisse, zu erkunden.

Darüber hinaus danke ich Imke, Nina und Steffen, die im Zuge ihrer Anstellung als studentische Mitarbeiterinnen bzw. Mitarbeiter wichtige Teile zu dieser Arbeit beigetragen haben.

Bei Herrn Prof. Dr.-Ing. Nicolas Pyschny möchte ich mich dafür bedanken, dass er mich als studentischen Mitarbeiter eingestellt und durch seine Freude an der Arbeit und seinen herzlichen Umgang dazu gebracht hat, eine Laufbahn als wissenschaftlicher Mitarbeiter am Fraunhofer IPT einzuschlagen.

Bei meinen Eltern Doris und Egon Behrens, sowie bei Bettina Bokelmann, Bärbel und Jürgen Träger sowie insbesondere bei meiner Frau Annika bedanke ich mich für ihre rücksichtsvolle Unterstützung. Sie haben mir die zeitlichen Freiräume verschafft, diese Dissertation auch nach meinem Rückzug aus dem Fraunhofer IPT abzuschließen und mich in schwierigen Phasen stets ermutigt, nicht aufzugeben. Meinen Kindern Leni und Fiona danke ich für ihre Geduld und ihr Verständnis.

Aachen, im Oktober 2022 Jan Behrens

Inhaltsverzeichnis

Content

Formelzeichen und Abkürzungsverzeichnis

Formula Symbols and Abbreviations

Abkürzungen

A	Rotation um eine Bezugsachse in X-Richtung
B	Rotation um eine Bezugsachse in Y-Richtung
C	Rotation um eine Bezugsachse in Z-Richtung
h	Höhe
n_{XYZ}	Anzahl an Spline-Intervallen für die Linearachsen
n_A	Anzahl an Spline-Intervallen für die A-Achse
n_C	Anzahl an Spline-Intervallen für die C-Achse
Q1	Erster Quadrant zur Einteilung von Kugelpositionen
Q2	Zweiter Quadrant zur Einteilung von Kugelpositionen
Q3	Dritter Quadrant zur Einteilung von Kugelpositionen
Q4	Vierter Quadrant der Einteilung von Kugelpositionen
r	Radius
RMSE	Root Mean Square Error
TCP	Werkzeugreferenzpunkt (Tool Center Point)
X	Translation entlang einer Bezugsachse in X-Richtung
X_N	X-Koordinatenachse in einem Maschinenkoordinatensystem
X^a	X-Koordinatenachse in einem lokalen Koordinatensystem
Y	Translation entlang einer Bezugsachse in Y-Richtung
Y^a	Y-Koordinatenachse in einem lokalen Koordinatensystem
Y_N	Y-Koordinatenachse in einem Maschinenkoordinatensystem
Z	Translation entlang einer Bezugsachse in Z-Richtung
Z^a	Z-Koordinatenachse in einem lokalen Koordinatensystem
Z_N	Z-Koordinatenachse in einem Maschinenkoordinatensystem

Formelzeichen

$\vec{a}$	mm	Lösungsvektor mit den Modellparametern
a_j	mm	Modellparameter
$\vec{b}$	mm	Beobachtungsvektor
b_i	mm	Elemente des Beobachtungsvektors
$C(D)$	-	Kovarianz-Matrix von D
$c_{i,i}$	-	Diagonalelemente von $C(D)$
$C(u)$	-	B-Spline Funktion
D	-	Designmatrix
D^+	-	Pseudoinverse der Matrix D
d_{ij}	-	Elemente der Matrix D
E_{Y0A} , E_{Z0A}	µm	Lageabweichungen der A-Achse
E_{B0A} , E_{C0A}	µrad	Orientierungsabweichungen der A-Achse
E_{A0A}	µrad	Abweichung der Nullposition der A-Achse
E_{AA}	µrad	Positionierabweichung der A-Achse
E_{YA}, E_{ZA}	µm	Rundlaufabweichungen der A-Achse
E_{XA}	µm	Axiale Abweichung der A-Achse
E_{BA}, E_{CA}	µrad	Taumelabweichungen der A-Achse
E_{X0C} , E_{Y0C}	µm	Lageabweichungen der C-Achse
E_{A0C} , E_{B0C}	µrad	Orientierungsabweichungen der C-Achse
E_{C0C}	µrad	Abweichung der Nullposition der C-Achse
E_{CC}	µrad	Positionierabweichung der C-Achse
E_{XC}, E_{YC}	µm	Rundlaufabweichungen der C-Achse
E_{ZC}	µm	Axiale Abweichung der C-Achse
E_{AC}, E_{BC}	µrad	Taumelabweichungen der C-Achse
E_{C0X} , E_{B0X}	µrad	Orientierungsabweichungen der X-Achse
E_{X0X}	µm	Abweichung der Nullposition der X-Achse
E_{XX}	µm	Positionierabweichung der X-Achse
E_{YX}, E_{ZX}	µm	Geradheitsabweichungen der X-Achse
E_{AX}, E_{BX}, E_{CX}	µrad	Rollen, Nicken und Gieren der X-Achse
E_{A0Y} , E_{C0Y}	µrad	Orientierungsabweichungen der Y-Achse

E_{Y0Y}	µm	Abweichung der Nullposition der Y-Achse
E_{YY}	µm	Positionierabweichung der Y-Achse
E_{XY}, E_{ZY}	µm	Geradheitsabweichungen der Y-Achse
E_{AY}, E_{BY}, E_{CY}	µrad	Rollen, Nicken und Gieren der Y-Achse
E_{A0Z} , E_{B0Z}	µrad	Orientierungsabweichungen der Z-Achse
E_{Z0Z}	µm	Abweichung der Nullposition der Z-Achse
E_{ZZ}	µm	Positionierabweichung der Z-Achse
E_{XZ}, E_{YZ}	µm	Geradheitsabweichungen der Z-Achse
E_{AZ}, E_{BZ}, E_{CZ}	µrad	Rollen, Nicken und Gieren der Z-Achse
E_{XW}, E_{YW}, E_{ZW}	µm	Abweichungen des Werkstückvektors
e_j	µm / µrad	Geometrischen Abweichung
$e(\eta)$	µm / µrad	Wert einer Abweichung an der Achsposition η
F	-	Matrix für Singulärwertzerlegung
f_1	-	Größter Singulärwert (Diagonalelement von F)
f_R	-	Kleinster Singulärwert (Diagonalelement von F)
G	-	Matrix für die Singulärwertzerlegung
$g_{i,j}$	-	Elemente der Matrix G
H	-	Matrix für die Singulärwertzerlegung
$h_{i,j}$	-	Elemente der Matrix H
I	-	Einheitsmatrix
l, m, n	-	Index, kontextbezogen
$K(D)$	-	Konditionszahl der Matrix D
l, m, n	-	Anzahl, kontextbezogen
N_{X0A}, N_{Y0A}, N_{Z0A}	mm	Nominale Lageparameter der A-Achse
N_{X0C}, N_{Y0C}, N_{Z0C}	mm	Nominale Lageparameter der C-Achse
$N_{i,p}(u)$	-	B-Spline Basis-Funktionen
P_i	-	B-Spline Kontrollpunkte
p	-	Spline-Grad
q_i	-	Abweichungsspezifischer Funktionsparameter
R	-	Differenzorientierung zwischen Werkzeug- und Werkstückkoordinatensystem (Rotationsmatrix)

r_j	mm	Residuen bei der Lösung des Gleichungssystems
$R(D)$	-	Rang der Matrix A
$S(D)$	-	Singularitäten der Matrix D
S_j	-	Sensitivität der Abweichung e_j
S_k	-	Sensitivität des Kontrollpunktes P_k
$s_{x,k}$, $s_{y,k}$, $s_{z,k}$	-	Vektorkomponenten der Kontrollpunktsensitivitäten
T	-	Homogene Transformationsmatrix
$\mathrm{T}(e_x)$, $\mathrm{T}(e_y)$, $\mathrm{T}(e_z)$	-	Transformationsmatrix für translatorische Abweichungen in Richtung X^a, Y^a bzw. Z^a
$\mathrm{T}(e_\alpha)$, $\mathrm{T}(e_\beta)$, $\mathrm{T}(e_\gamma)$	-	Transformationsmatrix für rotatorische Abweichungen um X^a, Y^a bzw. Z^a
$\mathrm{T}(\bar{x})$, $\mathrm{T}(\bar{y})$, $\mathrm{T}(\bar{z})$	-	Transformationsmatrix für eine Verschiebung in Richtung X^a, Y^a bzw. Z^a
$\mathrm{T}(\alpha)$, $\mathrm{T}(\beta)$, $\mathrm{T}(\gamma)$	-	Transformationsmatrix für eine Rotation um X^a, Y^a bzw. Z^a
T_E	-	Transformation zur Beschreibung von geometrischen Abweichungen
δT_E	-	Differenzteil einer Abweichungstransformation
$T_{E,0}$	-	Transformation für Lage- und Orientierungsabweichungen einer Maschinenachse
$T_E(\eta)$	-	Transformation für die Bewegungsabweichungen einer Maschinenachse
T_N	-	Transformation zur Beschreibung nominaler geometrischen Beziehungen
$T_{N,0}$	-	Transformation zur Beschreibung der nominalen Lage- und Orientierung einer Maschinenachse
$T_N(\eta)$	-	Transformation zur Beschreibung der nominalen Bewegung einer Maschinenachse
T_T	-	Transformation vom Maschinennullpunkt zum Werkzeugreferenzpunkt (TCP)
$T_{T,N}$	-	Nominale Transformation vom Maschinennullpunkt zum Werkstückreferenzpunkt
T_W	-	Transformation vom Maschinennullpunkt zum Werkstückreferenzpunkt
$T_{W,N}$	-	Nominale Transformation vom Maschinennullpunkt

		zum Werkstückreferenzpunkt
${}_{i-1}^{\ i}T$	-	Allgemeine Transformation zum Übergang vom Koordinatensystem $i-1$ zum Koordinatensystem i
${}_{i-1}^{\ i}T_T$	-	Transformation auf der Werkzeugseite zum Übergang vom Koordinatensystem $i-1$ zum Koordinatensystem i
${}_{i-1}^{\ i}T_W$	-	Transformation auf der Werkstückseite zum Übergang vom Koordinatensystem $i-1$ zum Koordinatensystem i
${}_{0}^{Y}T$	-	Koordinatentransformation für die Y-Achse
${}_{Y}^{X}T$	-	Koordinatentransformation für die X-Achse
${}_{X}^{Z}T$	-	Koordinatentransformation für die Z-Achse
${}_{Z}^{S}T$	-	Koordinatentransformation für die Spindel
${}_{S}^{T}T$	-	Koordinatentransformation für das Werkzeug
${}_{0}^{A}T$	-	Koordinatentransformation für die A-Achse
${}_{A}^{C}T$	-	Koordinatentransformation für die C-Achse
${}_{C}^{W}T$	-	Koordinatentransformation für das Werkstück
$\delta T(e_j)$	-	Normierte Abweichungstransformationen für die Abweichung e_j
$\vec{t}$	mm	Vektor von der letzten Achse zum Referenzpunkt am Werkzeug (Werkzeugvektor)
t_x, t_y, t_z	mm	Komponenten des Werkzeugvektors
U	-	B-Spline Knotenvektor
u_i	-	Element des Knotenvektors (Knoten)
u	-	Element der der B-Spline Funktion $C(u)$
$\vec{v}$	mm	Differenzvektor zwischen Werkzeugreferenzpunkt und Werkstückreferenzpunkt
v_x, v_y, v_z	mm	Komponenten des Differenzvektors $\vec{v}$
$\vec{w}$	mm	Vektor von der letzten Achse zum Referenzpunkt am Werkstück (Werkstückvektor)
w_x, w_y, w_z	mm	Komponenten des Werkstückvektors
$X_j(x)$	-	Allgemeine Modellfunktion
x_i, y_i	-	Satz von Datenpunkten

$\bar{x}, \bar{y}, \bar{z}$	mm	Wert einer Verschiebung in X^a, Y^a bzw. Z^a
α, β, γ	Grad	Winkel einer Rotation um X^a, Y^a bzw. Z^a
η	mm / Grad	Achsposition
λ_j	-	Spaltenabhängiger Skalierungsfaktor
τ_x, τ_y, τ_z	mm	Vektorkomponenten des Nominalmodells für die Werkzeugseite
$\sigma_{y,i}$	-	Standardabweichung eines Datenpunktes y_i
$\sigma_{x,j}$	-	Standardabweichung der Lösungen x_j
σ_b	-	Standardabweichung des Beobachtungsvektors $\vec{b}$
ϑ	-	Hilfsvariable bei der Singulärwertzerlegung
χ^2	-	Gütefunktion für die Lösung eines linearen Gleichungssystems
$\omega_x, \omega_y, \omega_z$	mm	Vektorkomponenten des Nominalmodells für die Werkstückseite
Ω	-	Hilfsvariable bei der Singulärwertzerlegung

1 Einleitung

Die numerische Kompensation von Werkzeugmaschinen ist heute ein etabliertes Mittel zur Steigerung der Bearbeitungsgenauigkeit. Zu diesem Zweck werden die geometrischen Abweichungen der Maschine messtechnisch erfasst (kalibriert) und in der Maschinensteuerung hinterlegt. Bei vielen Werkzeugmaschinen werden die Potentiale der numerischen Kompensation jedoch nicht voll ausgenutzt. Die Gründe hierfür sind vor allem wirtschaftlicher Natur: Der messtechnische Aufwand und damit die Kosten für die Kalibrierung sind schlichtweg zu hoch.

Ursache hierfür ist vor allem, dass die geometrischen Maschinenabweichungen (Geradheit, Rechtwinkligkeit etc.) üblicherweise sequentiell gegen kalibrierte Messnormale (z.B. Lineale und rechte Winkel) geprüft werden [ISO01; ISO15b]. Die Grundidee der Selbstkalibrierung ist dagegen, ein einfaches, unkalibriertes Artefakt in mehreren Positionen im Arbeitsraum durch die Maschine vermessen zu lassen und von den wiederholten Messungen auf die geometrischen Abweichungen der Maschine zu schließen. Ein geeigneter Lösungsansatz wird bereits in [EVAN96] ausführlich beschrieben:

- Zunächst wird ein Fehlermodell der Maschine erstellt. Es enthält einen Satz vorzugsweise orthogonaler Modellfunktionen sowie Annahmen über die Fehler der Maschine. Das Modell kann einige wenige, aber auch viele freie Parameter enthalten.
- Anschließend wird das Artefakt in so vielen, sorgsam ausgesuchten Positionen oder Orientierungen gemessen, wie es die Zeit erlaubt. Auf Basis der Messdaten werden dann mit Hilfe eines Least-Square-Fit die Artefakt-Koordinaten und die Modell-Parameter bestimmt.

Die Methode der Selbstkalibrierung bietet sich für Fünf-Achs-Bearbeitungszentren mit Dreh-/Schwenktisch besonders an, da die Rotationsachsen der Maschine dazu genutzt werden können, ein auf dem Tisch befestigte Artefakt in verschiedene Positionen, bzw. Orientierungen zu bringen. Mit Hilfe eines oft bereits integrierten Bauteil-Messtasters kann die Maschine so in die Lage versetzt werden, sich mehr oder weniger vollautomatisiert selbst zu vermessen. Die Kosten einer Kalibrierung können somit auf einen Bruchteil des heute üblichen Betrages gesenkt werden.

Das denkbar einfachste Artefakt für diese Aufgabe besteht in einer einzelnen, auf dem Maschinentisch befestigten Kugel, deren Mittelpunkts-Koordinaten von der Maschine bestimmt werden können (siehe Bild 1.1). Wird die Kugel nun mit Hilfe der Dreh- und Schwenkachsen an verschiedene Positionen im Arbeitsraum gebracht und dort eingemessen, so erhält man für jede Stellung einen Abweichungsvektor, der unmittelbar für die Selbstkalibrierung genutzt werden kann. Obwohl die Kugel kein Messnormal im klassischen Sinne ist, sollte sie nur geringe Formabweichungen besitzen, damit die Richtungsabhängigkeit der Messung vernachlässigt werden kann.

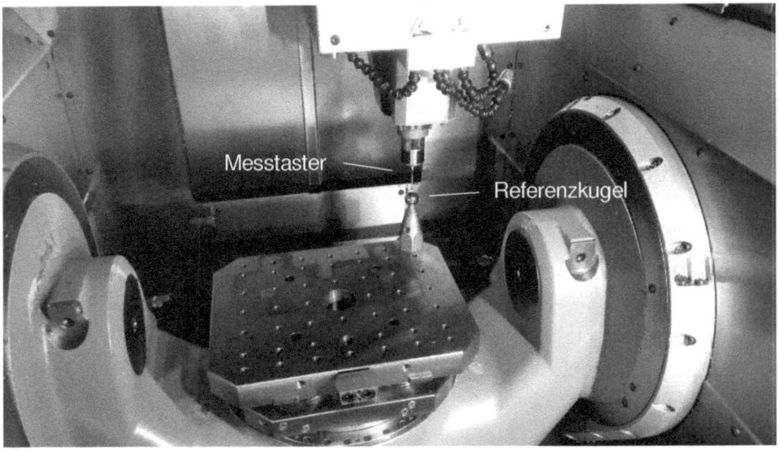

Bild 1.1: Maschinenkalibrierung mit Messtaster und Referenzkugel
Machine Calibration with Touch Probe and Reference Ball

Es existieren bereits mehrere technische Lösungen, die auf diesem Grundprinzip aufbauen. Sie lassen sich hinsichtlich Messmittel, Messstrategie und Fehlermodell unterscheiden. Bereits 2006 zeigte die ETH Zürich mit ihrer Veröffentlichung zum "R-Test" [BRIN06] wie eine relativ komplexe Selbstkalibrierung auf Basis eines einfachen Kugelartefaktes durchgeführt werden kann.

Es ist das erklärte Ziel dieser Arbeit, einerseits die vorliegenden Verfahren zur Selbstkalibrierung von Fünf-Achs-Werkzeugmaschinen mit einfachen Kugelartefakten zu vergleichen sowie anderseits die Einsatzgrenzen dieser Verfahrensklasse mittels verschiedener Analysen und Experimente zu schärfen. Zu diesem Zweck erfolgt die Implementierung eigener Lösungen, mit deren Hilfe verschiedene theoretische und praktische Fragestellungen untersucht werden können.

Die Arbeit gliedert sich in drei inhaltliche Hauptabschnitte:

- In Kapitel 2 erfolgt zunächst die Vermittlung der notwendigen technischen Grundlagen sowie die genannte Einordnung der bekannten Vorarbeiten auf dem Forschungsgebiet.
- Kapitel 4 und 5 beschreiben die Implementierung der eigenen Lösungen
- In Kapitel 6 und 7 folgt die Anwendung der entwickelten Lösungen, sowie die Erkenntnisse, die aus dieser Anwendung entstehen.

Um eine gewisse Allgemeingültigkeit und Übertragbarkeit der Ergebnisse sicherzustellen, werden alle messtechnischen Analysen (Kapitel 6.2) für drei Maschinen durchgeführt. Die experimentelle Anwendung (Kapitel 7) erstreckt sich gar über neun Maschinen verschiedener Bauart und ist damit deutlich breiter aufgestellt als in vergleichbaren Vorarbeiten.

Introduction

The numerical compensation of machine tools is now an established means of increasing machining accuracy. For this purpose, the geometric errors of the machine are measured (calibrated) and stored in the machine control. In many machine tools, however, the potentials of numerical compensation are not fully exploited. The reasons for this are primarily economic: the metrological effort and thus the costs for calibration are simply too high.

The main reason for this is that the geometric errors (straightness, squareness, etc.) are usually checked sequentially against calibrated measurement standards (e.g. straight edges and right angles) [ISO01; ISO15b]. The basic idea of self-calibration, on the other hand, is to have a simple, uncalibrated artifact measured by the machine in several positions in the workspace and to infer the geometric deviations of the machine from the repeated measurements. A suitable solution is already described in detail in [EVAN96]:

- First, an error model of the machine is created. It contains a set of preferably orthogonal model functions as well as assumptions about the errors of the machine. The model can contain a few, but also many free parameters.
- Then the artifact is measured in as many selected positions or orientations as time allows. Based on the measured data, the artifact coordinates and the model parameters are then determined by means of a least-squares fit.

The method of self-calibration is particularly suitable for five-axis machining centers with a rotary/swivel table, since the rotary axes of the machine can be used to bring an artifact mounted on the table into different positions or orientations. With the help of an often already integrated touch-trigger probe, the machine can be enabled to measure itself more or less fully automatically. The costs of a calibration can thus be reduced to a fraction of the usual amount.

The simplest artifact for this task is a single ball mounted on the machine table, whose center coordinates can be determined by the machine (see Figure 1.1). If the ball is now moved to different positions in the working area with the help of the rotary and swivel axes and measured there, an error vector is obtained for each position, which can be used directly for self-calibration. Although the ball is not a measuring standard in the classical sense, it should have only small form deviations so that the directional dependence of the measurement can be neglected.

Several technical solutions already exist which are based on this basic principle. They can be distinguished in terms of measuring equipment, measuring strategy and error model. Already in 2006, the ETH Zurich showed with its publication on the "R-Test" [BRIN06] how a relatively complex self-calibration can be carried out on the basis of a simple ball artefact.

It is the declared aim of this work, on the one hand, to compare the existing methods for self-calibration of five-axis machine tools with simple ball artefacts and, on the other hand, to sharpen the limits of this class of methods by means of various analyses and experiments. For this purpose, the implementation of own solutions is carried out, with the help of which different theoretical and practical problems can be investigated.

The work is divided into three main sections:

- In chapter 2 the necessary technical basics are taught and the known preliminary work in the research area is classified as mentioned above.
- Chapters 4 and 5 describe the implementation of the own solutions
- In chapters 6 and 7 follows the application of the developed solutions, as well as the knowledge gained from this application.

To ensure a certain general validity and transferability of the results, all metrological analyses (chapter 6.2) are carried out for three machines. The experimental application (chapter 7) even covers nine machines of different design and is thus considerably broader in scope than in comparable preliminary work.

2 Stand der Technik

State of the Art in Research and Industry

2.1 Technische Grundlagen

Technical Fundamentals

2.1.1 Fünf-Achs-Bearbeitungszentren

Five-Axis Machining Centers

Fünf-Achs-Bearbeitungszentren (vgl. Bild 2.1) sind universelle hoch produktive Fertigungssysteme. Sie können in der Einzelteil- und Kleinserienfertigung (Prototypenbau, Werkzeug- und Formenbau, Lohnfertigung) genauso wie in der Serienproduktion eingesetzt werden. Auf minimaler Stellfläche kann ein Großteil der klassischen Zerspanungsaufgaben realisiert werden. Hierzu zählen vor allem fünfseitige Bohr-, Fräsarbeiten sowie bei entsprechender Ausrüstung auch Drehen und Schleifen. Durch den Einsatz ihrer Dreh- bzw. Schwenkachsen erlauben Fünf-Achs-Bearbeitungszentren nicht nur die Fertigung anspruchsvoller Geometrien, sondern auch die Einstellung idealer Schnittbedingungen, die Reduktion von Umspannvorgängen sowie eine starke Automatisierung der Fertigungsprozesse.

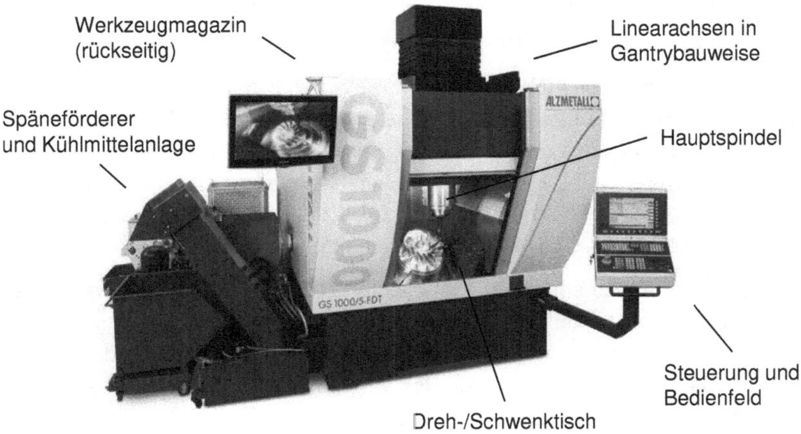

Bild 2.1: Hauptkomponenten eines Fünf-Achs-Bearbeitungszentrums nach [ALZM13]

Main Components of a Five-Axis Machining Center

Für die Serienfertigung können Bearbeitungszentren z.B. mit Hilfe eines Roboters (vgl. Bild 2.2) an ein Werkstückmagazin angebunden werden. Mit einer solchen Automatisierungslösung eignen sie sich dann zum Beispiel für den wirtschaftlichen Einsatz bei Zulieferern im Automobilsektor (Werkstückbeispiele nach [GFMS16]: Kegelrad aus schwer zerspanbarem Stahl, Impeller für Turbolader aus Aluminium).

Bild 2.2: Automatisierungslösung für Serienproduktion nach [ALZM13] und [GFMS16]
Automation Setup for High-Volume Production

Fünf-Achs-Werkzeugmaschinen sind in vielen verschiedenen Varianten verfügbar. Kennzeichnende Merkmale für den grundlegen Maschinentyp sind vor allem:

- Ausrichtung der Hauptspindel (horizontal oder vertikal)
- Lage der Rotationsachsen (werkstück- oder werkzeugseitig)
- Anordnung der Linearachsen (z.B. Portal- oder Fahrständerbauweise)

Für die präzise Bearbeitung mittlerer Werkstückgrößen finden Maschinen mit vertikaler Spindel und werkstückseitigen Rotationsachsen eine weite Verbreitung. Dieser Maschinentyp zeichnet sich oft durch einen hochsteifen Grundkörper in U-Form aus, in dessen Seitenwangen die Linearachsen in Gantry-Bauweise sowie ein Dreh-/ Schwenktisch (siehe Bild 2.3) integriert sind. Verschiedene Hersteller (z.B. Alzmetall, GF Mikron, Hermle, OPS-Ingersoll) bieten eigene Varianten dieses Grundtyps an.

Neben der in Bild 2.3 zu sehenden Alzmetall GS 1000 ist die HSE V9 (vgl. Bild 2.4) von OPS-Ingersoll ein weiteres Beispiel für diesen Maschinentyp. Direkt zu erkennen ist der unterschiedliche Aufbau der Linearachsen. Bei der GS 1000 findet sich eine hinsichtlich Steifigkeit optimierte Box-in-Box Variante [BREC19, S. 187], bei der HSE V9 hingegen ein hochdynamisches Leichtbau-Portal.

Zur Anpassung der Bearbeitungszentren an ihren Einsatzzweck und an das zu erwartende Werkstückspektrum können die Dreh-/Schwenkeinheiten mit verschiedenen Tischvarianten ausgestattet werden. Im flexiblen Werkstattbetrieb werden oft Tische mit T-Nuten bevorzugt. Im Werkzeug- und Formenbau kommen normalerweise Nullpunktspannsysteme zum Einsatz.

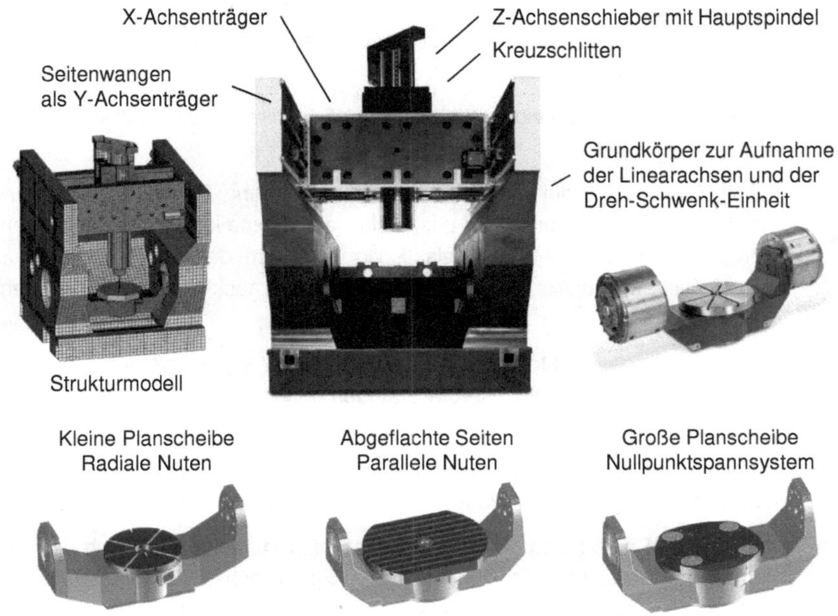

Bild 2.3: Mechanischer Aufbau und Tischvarianten nach [ALZM13]

Mechanical Structure and Table Variants

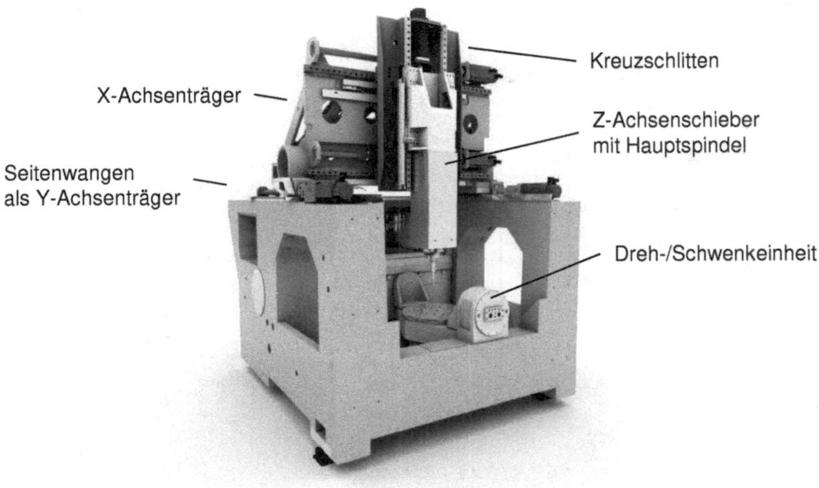

Bild 2.4: Struktur eines HSC Bearbeitungszentrums nach [OPS17]

Structure of an HSC Machining Center

Die im Rahmen dieser Arbeit untersuchten Fünf-Achs-Bearbeitungszentren weisen untereinander deutliche konstruktive Unterschiede auf. Folgende Merkmale sind ihnen jedoch allen gemein:

- Die Rotationsachsen sind werkstückseitig in Form eines Dreh-/Schwenktisches angeordnet.
- Die Strukturbauteile der Maschine besitzen eine hohe Eigensteifigkeit. Darüber hinaus sind alle Achsen so ausgeführt, dass keine langen Auskragungen auftreten. Hierdurch kann das elastische Verhalten der Maschinenstruktur beim Schlichten (quasistatische Bewegung) als vernachlässigbar angesehen werden.
- Die Achssysteme der Maschine besitzen direkte Wegmesssysteme und sind präzise montiert. Ihre Positionierbewegungen haben somit eine hohe bidirektionale Wiederholgenauigkeit.
- Orientierungsabweichungen von Komponenten oder Bewegungen sind außerdem so gering, dass die Näherungen für kleine Winkel gelten.
- Die Schlicht-Bearbeitung findet hauptsächlich mit kleinen, ähnlich langen Werkzeugen statt. Orientierungsfehler der Spindelachse sowie rotatorische Achsfehler werden daher heute üblicherweise nicht steuerungstechnisch korrigiert, sondern nur mechanisch gerichtet.

Die Achsbeschreibung und das Maschinenkoordinatensystem (vgl. Bild 2.5) entspricht üblicherweise dem in [ISO12] definierten Standard. Für das untenstehende Beispiel ist jedoch zu beachten, dass die Rotationsachsen aufgrund ihrer werkstückseitigen Anordnung mit genau umgekehrten Vorzeichen programmiert werden müssen, um die dargestellten Drehrichtungen zu erzeugen.

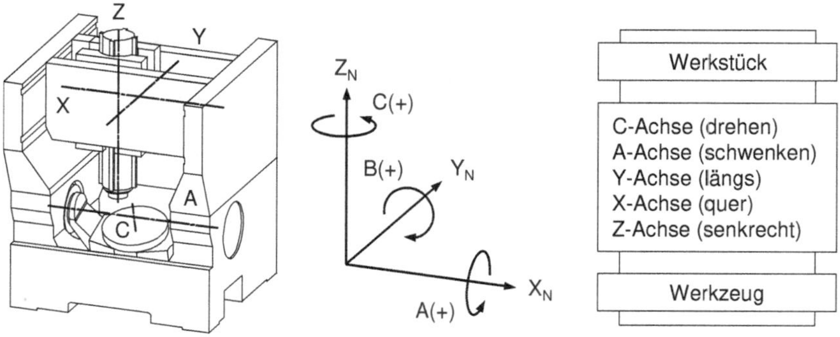

Bild 2.5: Bearbeitungszentrum mit CAYXZ-Achskonfiguration

Machining Center with CAYXZ Axis Configuration

2.1.2 Geometrische Abweichungen

Geometric Errors

Die Achsbewegungen einer Werkzeugmaschine folgen idealerweise exakt ihren numerischen Steuerbefehlen und erzeugen so die programmierte Werkstückgeometrie. In der Realität bewegen sich Maschinenachsen jedoch fehlerbehaftet (vgl. Bild 2.6). Die Gründe hierfür sind vielfältig: mangelhafte Achskomponenten, Ausrichtefehler, elastische Verformungen durch mechanische und thermische Belastungen oder auch Fehler in der Bewegungsinterpolation oder der Steuerungssoftware selbst [ISO12, S. 6–10; BREC17c, S. 512–513]. Unabhängig von ihrer eigentlichen Ursache, können diese Effekte unter dem Begriff „geometrische Abweichungen" zusammengefasst werden. Sie sind jedoch immer nur für einen einzigen quasistatischen Maschinenzustand gültig.

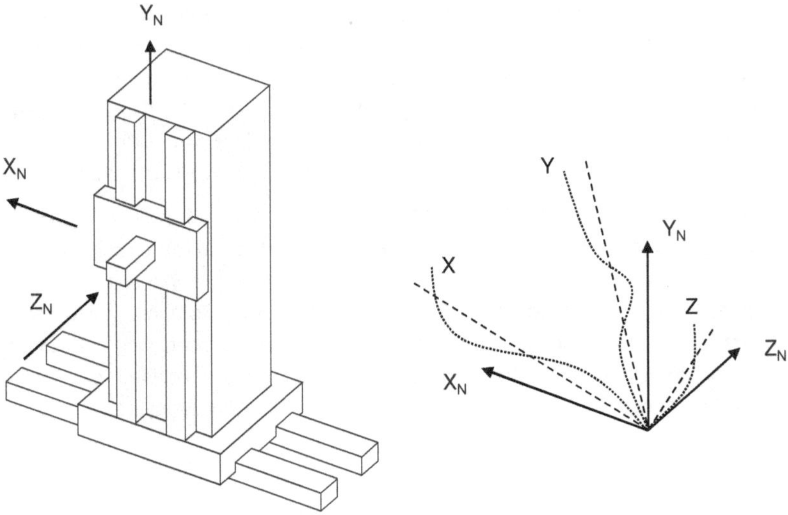

Zeichen	Bedeutung
X_N, Y_N, Z_N	Maschinenkoordinatensystem
X, Y, Z	Tatsächliche Achsbewegung
----	Referenzlinie der Achsbewegung

Bild 2.6: Fehlerbehaftete Achsbewegungen im Maschinenkoordinatensystem nach [ISO12]
Erroneous Axis Motions in Machine Tool Coordinate System

Nach [ISO12] werden die geometrischen Abweichungen einer Maschinenachse standardmäßig definiert über die

- Lage- und Orientierungsabweichungen der Achse bzw. ihrer Referenzlinie vom Maschinenkoordinatensystem (vgl. Bild 2.6) sowie die
- Abweichungen der Achsbewegung von dieser Referenzlinie als Funktion der nominalen (programmierten) Bahnposition

Die Referenzlinien stellen hierbei eine gemittelte räumliche Lage der Achsbewegung dar. Für Linearachsen kann hierbei am einfachsten auf die Endpunkt-Definition zurückgegriffen werden. Das heißt, dass die Referenzlinien zwischen Start- und Endpunkten der tatsächlichen Bewegungen aufgespannt werden. Alternativ können sie auch so definiert werden, dass die Quadrate der Abweichungen minimal sind. Für Rotationsachsen ist nur letzteres möglich.

Die Abweichungen der Achsbewegung von ihrer Referenzlinie können mit den entsprechenden sechs Freiheitsgraden eines Starrkörpers beschrieben werden. Die relevante Norm definiert hierbei die in Bild 2.7 aufgelisteten Abkürzungen und Bezeichnungen [ISO12, S. 8]. Die Abkürzungen setzen sich aus drei Buchstaben zusammen. An erster Stelle steht ein E als Kennzeichen für Error. Dann folgen ein Buchstabe zur Kennzeichnung der Richtung der Abweichung sowie zuletzt die Bezeichnung der zugehörigen Maschinenachse.

Das Koordinatensystem der Abweichungen (X^a, Y^a, Z^a) wird bei Linearachsen durch die nominale Richtung der Bewegung sowie zwei orthogonale Achsen aufgespannt. Bei Rotationsachsen wird es durch die nominale Achse der Rotation sowie zwei – nicht rotierende – Bezugsachsen definiert. Bei einer kartesischen Achsanordnung, wie bei dem hier relevanten Maschinentyp, entsprechen die Achsen der Abweichungskoordinatensysteme den Achsen des Maschinenkoordinatensystems.

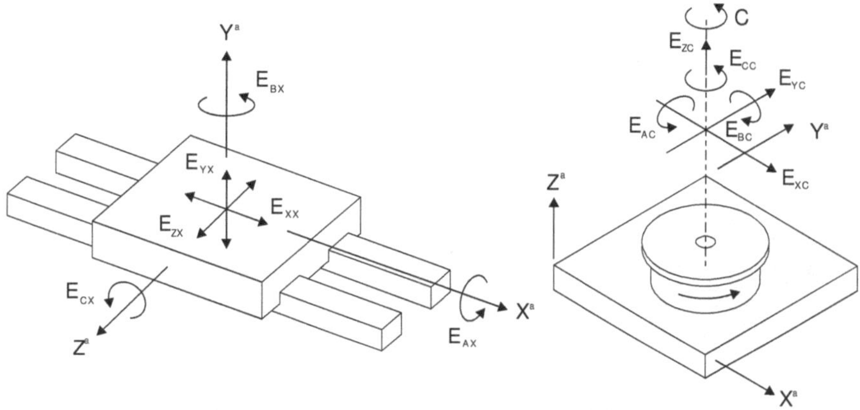

Zeichen	Bedeutung
E_{XX}	Positionierabweichung
E_{YX}	Gradheitsabweichung in Y
E_{ZX}	Gradheitsabweichung in Z
E_{AX}	Rollen um X-Achse
E_{BX}	Gieren um Y-Achse
E_{CX}	Nicken um Z-Achse

Zeichen	Bedeutung
E_{XC}	Rundlaufabweichung in X
E_{YC}	Rundlaufabweichung in Y
E_{ZC}	Axiale Abweichung
E_{AC}	Taumeln um X-Achse
E_{BC}	Taumeln um Y-Achse
E_{CC}	Positionierabweichung

Bild 2.7: Bewegungsabweichungen von Linear- und Rotationsachsen [ISO12, S. 8]

Error Motions of Linear and Rotary Axes

Die Lage- und Orientierungsabweichungen der Maschinenachsen bzw. ihrer Referenzlinien lassen sich analog zu den Bewegungsabweichungen durch verschiedene Komponenten beschreiben. Linearachsen besitzen standardmäßig zwei Orientierungsabweichungen (Rechtwinkligkeiten) bezogen auf die Achsen des Maschinenkoordinatensystems sowie die Abweichung der Null-Position auf ihrer Bewegungsbahn. Für Rotationsachen sind zusätzlich zwei translatorische Lageabweichungen zur vollständigen Beschreibung notwendig (vgl. Bild 2.8).

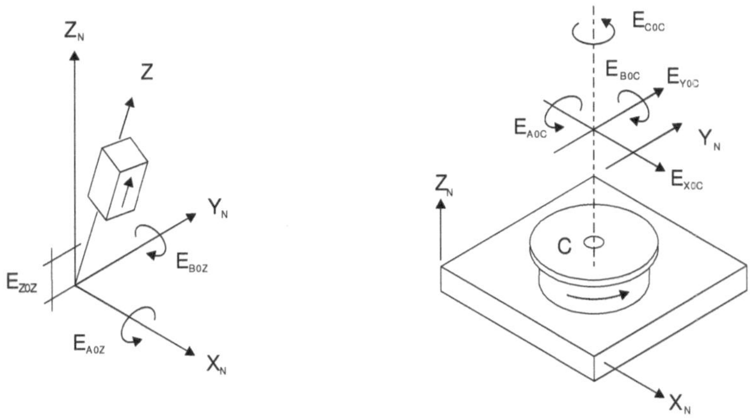

Zeichen	Lage- und Orientierungsabweichungen einer Linearachse (Z)
E_{A0Z}	Rechtwinkligkeitsabweichung zur Y_N-Achse (um A)
E_{B0Z}	Rechtwinkligkeitsabweichung zur X_N-Achse (um B)
E_{Z0Z}	Abweichung der Null-Position

Zeichen	Lage- und Orientierungsabweichungen einer Rotationsachse (C)
E_{X0C}	Translatorische Lageabweichung in X_N-Richtung
E_{Y0C}	Translatorische Lageabweichung in Y_N-Richtung
E_{A0C}	Rechtwinkligkeitsabweichung zur Y_N-Achse (um A)
E_{B0C}	Rechtwinkligkeitsabweichung zur X_N-Achse (um B)
E_{C0C}	Abweichung der Null-Position

Bild 2.8: Lage- und Orientierungsabweichungen [ISO12, S. 9–10]
Location and Orientation Errors of a rotary Axis

Hierbei gilt für die Abkürzung folgende Nomenklatur: An erster Stelle steht wiederum ein E für Error. Hierauf folgt ein Buchstabe für die Richtung der Abweichung. Danach kommen die Ziffer 0 als Kennzeichen für die Lage- Orientierungsabweichungen sowie die Bezeichnung der zugehörigen Maschinenachse.

Für die vollständige Beschreibung der Lage- und Orientierungsabweichungen einer Fünf-Achs-Maschine sind durch geeignete Definition des Maschinenkoordinatensystems jedoch deutlich weniger Parameter notwendig (vgl. Tabelle 2.1). Zunächst können die Abweichungen aller Nullpositionen der Achsen per Definition zu Null gesetzt werden. Darüber hinaus können durch Festlegung einer primären und einer sekundären Linearachse sowie geeignete Wahl des Ursprunges weitere Abweichungsparameter entfallen.

Für ein Bearbeitungszentrum in CAYXZ-Konfiguration bieten sich folgende Definition des Koordinatensystems nach [KNAP12] an:

- Die Referenzlinie der Y-Achse wird als primäre Achse des Maschinenkoordinatensystems gewählt und besitzt daher keine Orientierungsabweichungen.
- Die Referenzlinie der X-Achse wird als sekundäre Achse des Maschinenkoordinatensystems gewählt und besitzt daher nur eine Orientierungsabweichung zur Y-Achse.
- Die Z-Achse besitzt jeweils eine Orientierungsabweichung zur primären und eine Orientierungsabweichung zur sekundären Achse des Maschinenkoordinatensystems. Der X-Y-Z Achsverbund hat folglich insgesamt drei Orientierungsabweichungen (Rechtwinkligkeiten).
- Der Ursprung des Koordinatensystems wird so gewählt, dass die Nullpunkte von X- und Y-Achse auf der Referenzlinie der C-Achse liegen und der Nullpunkt der Z-Achse mit der Referenzlinie der A-Achse übereinstimmt. Hierdurch entfallen drei Lageabweichungen der Rotationsachsen.

Eine Beschreibung der Lage- und Orientierungsabweichungen nach dieser Konvention erfordert vergleichsweise wenige unabhängige Parameter. Diese sind in Tabelle 2.1 hellgrau hinterlegt.

Tabelle 2.1: Minimale Anzahl von Lage- und Orientierungsabweichungen nach [KNAP12]
Minimum Number of Location and Orientation Errors

C-Achse	A-Achse	Y-Achse	X-Achse	Z-Achse
$E_{X0C} = 0$	–	–	$E_{X0X} = 0$	–
$E_{Y0C} = 0$	E_{Y0A}	$E_{Y0Y} = 0$	–	–
–	$E_{Z0A} = 0$	–	–	$E_{Z0Z} = 0$
E_{A0C}	$E_{A0A} = 0$	$E_{A0Y} = 0$	–	E_{A0Z}
E_{B0C}	E_{B0A}	–	$E_{B0X} = 0$	E_{B0Z}
$E_{C0C} = 0$	E_{C0A}	$E_{C0Y} = 0$	E_{C0X}	–

Auch wenn eine solche Konvention durch ihre kompakte Form unbestreitbare Vorteile besitzt, sind alternative Darstellungen problemlos möglich. Es muss lediglich sichergestellt sein, dass alle Lage- und Orientierungsabweichungen erfasst und eindeutig definiert sind.

2.1.3 Numerische Kompensation

Numerical Compensation

Die geometrischen Abweichungen einer numerisch gesteuerten Werkzeugmaschine können durch Ausgleichsbewegungen der Maschinenachsen zu einem gewissen Grad kompensiert werden. Hierzu müssen die geometrischen Abweichungen messtechnisch erfasst und in der Maschinensteuerung hinterlegt werden. Die möglichen Vorteile dieses Verfahrens sind [ISO15a, S. 4]:

- Verringerung des Einflusses der geometrischen Abweichungen damit Steigerung der Werkstückqualität.
- Aufrechterhaltung der Maschinengenauigkeit über den gesamten Lebenszyklus durch regelmäßige Prüfung und Aktualisierung der Kompensation
- Die Messunsicherheit der Maschine bei der Bauteilprüfung sinkt, sofern die Kalibrierung rückführbar ist.
- Verringerung der Anforderungen an die Genauigkeit bestimmter Maschinenkomponenten und damit gegebenenfalls Reduktion der Maschinenkosten.

Numerische Kompensation ist jedoch keine universale Lösung zur Steigerung der Maschinengenauigkeit. Ihre Leistungsfähigkeit ist begrenzt durch verschiedene Faktoren [ISO15a, S. 4–5]:

- Es können nur die Abweichungen kompensiert werden, für die geeignete Ausgleichsbewegungen der Achsen möglich sind.
- Die Wiederholbarkeit und Auflösung der Achsbewegungen definiert die maximal erreichbare Genauigkeit und kann durch numerische Kompensation nicht weiter gesteigert werden.
- Es ist keine Verbesserung der Langzeitstabilität der Maschine möglich.
- Instationäre z.B. thermoelastische Verformungen der Maschine können dafür sorgen, dass die Kompensation ungültig wird.
- Die für die Kompensation notwendigen Ausgleichsbewegungen der Maschinenachsen bringen zusätzliche Störgrößen in den Bearbeitungsprozess. Hierdurch kann sich zum Beispiel die erreichbare Oberflächenqualität verringern.

Grundsätzlich gibt es zwei Ansätze zur Spezifikation von Kompensationswerten in der Maschinensteuerung [ISO15a, S. 19–22]:

- Fehlertabellen, die eine einzelne geometrische Abweichung bezogen auf eine zugehörige Achsposition spezifizieren. Die Maschinensteuerung berechnet über ein kinematisches Modell und alle hinterlegten Tabellen die notwendigen Kompensationsbewegungen der Maschine. Bei manchen Steuerungen ist es zusätzlich möglich, die Abweichungen abhängig von der Richtung der Achsbewegung anzugeben. Dies kann genutzt werden, um Umkehrspiel in den Antrieben der Achsen zu kompensieren.
- Zwei- oder dreidimensionales Fehlergitter mit Stützpunkten über Achspositionen, an denen die im Voraus ermittelten Kompensationswerte angegeben werden. Hierfür ist kein kinematisches Fehlermodell in der Steuerung notwendig. Zwischen den angegebenen Stützpunkten muss lediglich interpoliert werden. Wenn dieser Ansatz für Fünf-Achs-Maschinen gewählt wird, ist es üblich, ein dreidimensionales Fehlergitter für die Linearachsen und ein zweidimensionales Fehlergitter für die Rotationsachsen aufzustellen.

Der wesentliche Vorteil der zweiten Variante ist die einfachere Abbildung komplexer Abhängigkeiten (z.B. elastisches Maschinenverhalten). Nachteilig ist hingegen der hohe messtechnische Aufwand bei der Bestimmung der notwendigen Stützstellenwerte (quadratisch bzw. kubisch mit der Stützpunktdichte zunehmender Aufwand im Vergleich zur achsbezogenen Kompensation).

Unabhängig davon, welche Detaillösung im Einzelnen gewählt wird, ist bei Kompensationen darauf zu achten, dass sich diese nicht negativ auf bestimmte Bearbeitungsoperationen auswirken [ISO15a, S. 25]. So kann beispielsweise die Kompensation der Orientierungsabweichung einer Linearachse dazu führen, dass diese nicht mehr parallel zur Hauptspindel verfährt. Nicht tolerierbare Fehler bei Tieflochbohrungen können die Folge sein.

Zur Implementierung der gewünschten Kompensationen gibt es umfangreiche Dokumentationen durch die Steuerungshersteller [FANU13; HEID10; SIEM13].

2.1.4 Indirekte Selbstkalibrierung

Indirect Self-Calibration

In [EVAN96] wird eine Methode zur Selbstkalibrierung von Maschinen mit mehreren Maschinenachsen beschrieben. Die Grundidee besteht darin, ein einfaches, unkalibriertes Artefakt in mehreren Positionen im Arbeitsraum durch die Maschine selbst vermessen zu lassen und von den wiederholten Messungen mittels Ausgleichsrechnung auf die geometrischen Abweichungen der Maschine zu schließen. Diese Vorgehensweise ist den indirekten Kalibrierverfahren zuzuordnen.

Während bei der direkten Kalibrierung jede geometrische Abweichung mit einem geeigneten Messverfahren einzeln bestimmt wird, konzentrieren sich die indirekten Verfahren darauf, die Auswirkung der Abweichungen am Tool Center Point als Summe zu messen und von diesen Daten auf die eigentlichen Abweichungen zu schließen [KNAP12, S. 110–111]. Da hierfür ein Berechnungsmodell notwendig ist, das die Zusammenhänge zwischen geometrischen Abweichungen und Messwerten am TCP beschreibt, spricht man in diesem Fall auch von modellbasierter Kalibrierung [BRIN06]. Der Ansatz der indirekten Kalibrierung bietet aufgrund seiner inhärenten Wirtschaftlichkeit große Potentiale. Aufgrund der Komplexität der Fehlerberechnung ist er in der industriellen Praxis jedoch noch relativ selten anzutreffen.

Geeignete Modellierungsmethoden zur Beschreibung des Einflusses von geometrischen Abweichungen auf den TCP sind seit geraumer Zeit auch für Fünf-Achs-Maschinen hinlänglich bekannt [SOON92; VELD98]. Vorteilhafterweise werden homogene Transformationsmatrizen verwendet. Solche 4 x 4 Matrizen sind in der Lage, einen beliebigen Vektor mittels Drehung oder Verschiebung in ein anderes Koordinatensystem zu transformieren und können mittels Multiplikation einfach verkettet werden. Auf diese Weise können nominale Soll-Bewegungen der Maschine gleichermaßen wie abweichungsbehaftete Ist-Bewegungen dargestellt werden.

Für die grundlegende Beschreibung von Verschiebungen (Offsets zwischen Maschinenkomponenten oder Bewegungen von Linearachsen) werden folgende Matrizen verwendet:

$$T(\bar{x}) = \begin{bmatrix} 1 & 0 & 0 & \bar{x} \\ 0 & 1 & 0 & 0 \\ 0 & 0 & 1 & 0 \\ 0 & 0 & 0 & 1 \end{bmatrix} \quad T(\bar{y}) = \begin{bmatrix} 1 & 0 & 0 & 0 \\ 0 & 1 & 0 & \bar{y} \\ 0 & 0 & 1 & 0 \\ 0 & 0 & 0 & 1 \end{bmatrix} \quad T(\bar{z}) = \begin{bmatrix} 1 & 0 & 0 & 0 \\ 0 & 1 & 0 & 0 \\ 0 & 0 & 1 & \bar{z} \\ 0 & 0 & 0 & 1 \end{bmatrix} \tag{2.1}$$

Hierbei beschreiben $\bar{x}$, $\bar{y}$ und $\bar{z}$ den jeweiligen Betrag der Verschiebung entlang der Koordinatenachsen des Bezugskoordinatensystems.

Analog können Rotationen um die Bezugsachsen beschrieben werden. Die Werte für α, β und γ beschreiben hier den Winkelbetrag der jeweiligen Rotation:

$$T(\alpha) = \begin{bmatrix} 1 & 0 & 0 & 0 \\ 0 & \cos\alpha & -\sin\alpha & 0 \\ 0 & \sin\alpha & \cos\alpha & 0 \\ 0 & 0 & 0 & 1 \end{bmatrix} \quad T(\beta) = \begin{bmatrix} \cos\beta & 0 & \sin\beta & 0 \\ 0 & 1 & 0 & 0 \\ -\sin\beta & 0 & \cos\beta & 0 \\ 0 & 0 & 0 & 1 \end{bmatrix} \tag{2.2}$$

$$T(\gamma) = \begin{bmatrix} \cos\gamma & -\sin\gamma & 0 & 0 \\ \sin\gamma & \cos\gamma & 0 & 0 \\ 0 & 0 & 1 & 0 \\ 0 & 0 & 0 & 1 \end{bmatrix}$$

Im Falle der geometrischen Abweichungen wird angenommen, dass diese klein sind und dass das Superpositionsprinzip gilt, bzw. dass sich die Maschinenkomponenten wie Starrkörper verhalten. Unter diesen Voraussetzungen lassen sich die sechs möglichen Abweichungen einer Maschinenkomponente im Raum in einer einzigen Matrix zusammenfassen:

$$T = T(e_x) \cdot T(e_y) \cdot T(e_z) \cdot T(e_\alpha) \cdot T(e_\beta) \cdot T(e_\gamma) = \begin{bmatrix} 1 & -e_\gamma & e_\beta & e_x \\ e_\gamma & 1 & -e_\alpha & e_y \\ -e_\beta & e_\alpha & 1 & e_z \\ 0 & 0 & 0 & 1 \end{bmatrix} \tag{2.3}$$

Für Lage- und Orientierungsabweichungen (z.B. Rechtwinkligkeiten) sind die Einträge einer solchen Abweichungsmatrix konstant. Für die Bewegungsabweichungen sind die nichttrivialen Einträge dagegen eine Funktion der Achsposition (2.4). Als Basis für eine derartige Funktion können harmonische Funktionen oder Polynome verwendet werden [BRIN06]. Jede geometrische Abweichung ist somit abhängig von einem oder mehreren spezifischen Funktionsparametern q_i, die im Rahmen einer Kalibrierung bestimmt werden müssen. Für Polynome dritten Grades ergibt sich so beispielsweise folgender Zusammenhang:

$$e(\eta) = q_0 + q_1 \cdot \eta + q_2 \cdot \eta^2 + q_3 \cdot \eta^3 \tag{2.4}$$

$e(\eta)$ Wert der Abweichung an der Achsposition η

q_i Abweichungsspezifischer Funktionsparameter

Für die vollständige Beschreibung einer Maschinenachse reicht es aus, vier Transformationen miteinander zu verketten. Ausgehend von einem Referenzkoordinatensystem einer vorhergehenden Maschinenkomponente (Bezugskoordinatensystem X_0,Y_0,Z_0) erfolgt zunächst die Beschreibung der nominalen Lage- und Orientierung der Maschinenachse $T_{N,0}$ im Referenzkoordinatensystem sowie der zugehörigen Abweichungen der Lage und Orientierung $T_{E,0}$. Anschließend werden die nominale Bewegung der Achse $T_N(\eta)$ sowie die Abweichungen der Bewegung $T_E(\eta)$ hinzugefügt, um das Bezugskoordinatensystem X_1,Y_1, Z_1 zu erreichen, das die Basis der nächsten Maschinenkomponente bildet [KHAN10].

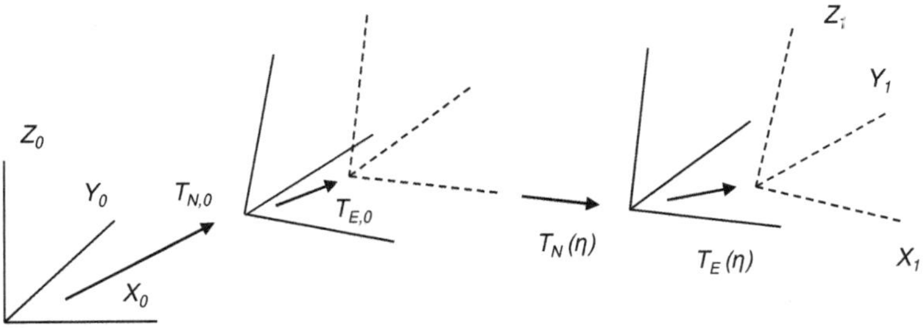

Bild 2.9: Beschreibung einer Maschinenachse über vier Koordinatentransformationen

Description of a machine axis by four coordinate transformations

Damit die Abweichungskoordinatensysteme analog zu [ISO12] definiert sind, ist es sinnvoll, die Transformationen für Linearachsen und Rotationsachsen in etwas Unterschiedlicher Reihenfolge durchzuführen:

$$T_{Linearachse} = T_{N,0} \cdot T_{E,0} \cdot T_N(\eta) \cdot T_E(\eta) \tag{2.5}$$

$$T_{Rotationsachse} = T_{N,0} \cdot T_{E,0} \cdot T_E(\eta) \cdot T_N(\eta) \tag{2.6}$$

Die Vertauschung der Matrizen $T_N(\eta)$ und $T_E(\eta)$ sorgt hierbei dafür, dass sich das Abweichungskoordinatensystem bei Rotationsachsen nicht dreht, sondern dem feststehenden Teil der Achse zugeordnet ist.

Durch Multiplikation können die Transformation für die Einzelachsen analog zum kinematischen Aufbau der Maschine und den Wirkungsorten der Abweichungen seriell verkettet werden. Eine Transformation ${}_{i-1}^{\;\;i}T$ beschreibt dabei allgemein den Übergang vom Koordinatensystem $i-1$ zum Koordinatensystem i. Für eine bessere Übersichtlichkeit werden alle Transformationen auf der Werkstückseite mit ${}_{i-1}^{\;\;i}T_T$ und alle Transformationen auf der Werkzeugseite mit ${}_{i-1}^{\;\;i}T_W$ bezeichnet (siehe Bild 2.10).

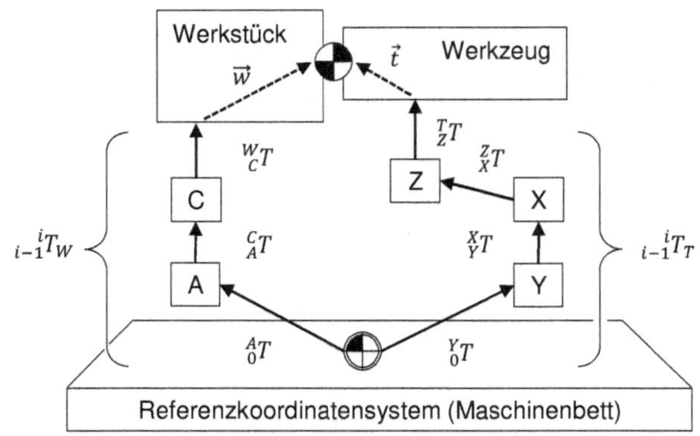

Bild 2.10: Transformationsketten eines CAYXZ-Bearbeitungszentrums

Transformation Chains of a CAYXZ Machining Center

Der Einfluss aller geometrischer Abweichungen kann als Differenzvektor zwischen einem Referenzpunkt am Werkzeug und einem Referenzpunkt am Werkstück zum Beispiel in folgender Form beschrieben werden [KHAN10]:

$$\begin{bmatrix}\vec{v}\\0\end{bmatrix} = \prod_{i=1}^{m} {}_{i-1}^{\;\;i}T_T \cdot \begin{bmatrix}\vec{t}\\1\end{bmatrix} - \prod_{i=1}^{n} {}_{i-1}^{\;\;i}T_W \cdot \begin{bmatrix}\vec{w}\\1\end{bmatrix} \tag{2.7}$$

$\vec{v}$ Differenzvektor zwischen Werkzeug und Werkstück

$\vec{t}$ Vektor von der letzten Achse zum Referenzpunkt am Werkzeug

$\vec{w}$ Vektor von der letzten Achse zum Referenzpunkt am Werkstück

Im Rahmen der indirekten Kalibrierung wird der Differenzvektor $\vec{v}$ für möglichst viele unterschiedliche Stellungen der Maschinenachsen messtechnisch ermittelt. Nun können auf Basis von Gleichung (2.7) alle gesuchten Abweichungsparameter numerisch berechnet werden.

Liegt Gleichung (2.7) in linearisierter Form vor, so bietet es sich an, die Kalibrierung als allgemeines lineares Ausgleichsproblem [PRES92, S. 671–680] zu betrachten. Hierbei wird ein Modell einem Satz von m Datenpunkten $(x_i,\ y_i)$ angepasst, wobei das Modell eine lineare Kombination von n beliebigen Funktionen von x ist (2.8). Diese Funktionen $X_j(x)$ werden Modellfunktionen genannt.

$$y(x) = \sum_{j=0}^{n-1} a_j X_j(x) \tag{2.8}$$

a_j Modellparameter

$X_j(x)$ Modellfunktionen

Nun wird eine Gütefunktion χ^2 (2.9) definiert, für die alle Modellparameter a_j so gewählt werden, dass χ^2 minimal wird:

$$\chi^2 = \sum_{i=0}^{m-1} \left[\frac{y_i - \sum_{j=0}^{n-1} a_j X_j(x_i)}{\sigma_i}\right]^2 \tag{2.9}$$

χ^2 Gütefunktion

σ_i Unsicherheit des Datenpunktes y_i

Darüber hinaus wird die Matrix D definiert, deren $m \times n$ Komponenten durch die n Modellfunktionen gebildet werden, die jeweils für die m Datenpunkte x_i ausgewertet werden. Hierbei werden die Modellfunktionen genau wie in (2.9) mit der Unsicherheit (Standardabweichung) σ_i des zugehörigen Datenpunktes gewichtet.

$$D_{ij} = \frac{X_j(x_i)}{\sigma_i} \tag{2.10}$$

Diese Matrix wird Designmatrix genannt und hat folgende Struktur:

$$
\begin{array}{c|cccc}
 & \multicolumn{4}{c}{\text{Modell-Funktionen}} \\
 & X_0(\ ) & X_1(\ ) & \cdots & X_{n-1}(\ ) \\
\hline
x_0 & \frac{X_0(x_0)}{\sigma_0} & \frac{X_1(x_0)}{\sigma_0} & \cdots & \frac{X_{n-1}(x_0)}{\sigma_0} \\
x_1 & \frac{X_0(x_1)}{\sigma_1} & \frac{X_1(x_1)}{\sigma_1} & \cdots & \frac{X_{n-1}(x_1)}{\sigma_1} \\
. & \vdots & & & \vdots \\
. & \vdots & & & \vdots \\
x_{m-1} & \frac{X_0(x_{m-1})}{\sigma_{m-1}} & \frac{X_1(x_{m-1})}{\sigma_{m-1}} & \cdots & \frac{X_{n-1}(x_{m-1})}{\sigma_{m-1}}
\end{array}
\quad \text{(Datenpunkte)} \tag{2.11}
$$

Jede Reihe der Matrix ist einem Datenpunkt x_i zugeordnet. Jede Spalte dagegen einer Modellfunktion $X_j(x)$. Im Allgemeinen gibt es deutlich mehr Datenpunkte als Modellfunktionen. Daher ist m normalerweise größer als n. Zusätzlich wird der Beobachtungsvektor $\vec{b}$ definiert. Er beinhaltet die mit ihrer Unsicherheit $\sigma_{y,i}$ (Standardabweichung) gewichteten Datenpunkte y_i.

$$b_i = \frac{y_i}{\sigma_{y,i}} \tag{2.12}$$

Mit Hilfe dieser beiden Komponenten kann die indirekte Kalibrierung als Ausgleichsproblem in folgender Form formuliert werden:

Bestimme den Lösungsvektor mit den Modellparametern $\vec{a}$ so, dass die Gütefunktion

$$\chi^2 = \left|D \cdot \vec{a} - \vec{b}\right|^2 \text{ minimal wird.} \tag{2.13}$$

Zur Lösung von Problemen dieser Art existieren verschiedene numerische Ansätze. Das Verfahren der Singulärwertzerlegung ist jedoch besonders geeignet, da es auch bei numerisch „ungünstigen" Datensätzen und Modellen verlässliche Ergebnisse liefert. Nachteilig sind nur die vergleichsweise hohe Rechenzeit und der erhöhte Speicherplatzbedarf [PRES92, S. 59–70].

2.2 Stand der Industrie

State of the Art in Industry

Für die Kalibrierung von Werkzeugmaschinen ist heute eine Vielzahl verschiedener Messmittel und Methoden kommerziell verfügbar. Eine gute Übersicht bietet die aktuelle Normung in [ISO18]. Aus diesem Grund beschränken sich die folgenden Abschnitte auf die Verfahren, die unmittelbar mit der Selbstkalibrierung von Fünf-Achs-Bearbeitungszentren, also der eigenständigen Erfassung der Abweichungen durch die Maschine, in Zusammenhang stehen.

2.2.1 Kalibrierung von Rotationsachsen

Calibration of Rotary Axes

Der heutige *de facto* Standard zum Kalibrieren der Lageabweichungen von Rotationsachsen wurde erstmalig 2005 von der Firma Deckel Maho Pfronten GmbH beschrieben [MAIE09]. Im Gegensatz zu früheren Verfahren wird hier statt eines geschliffenen Klotzes eine Messkugel als Artefakt verwendet. Dadurch entfallen aufwändige Ausrichtarbeiten.

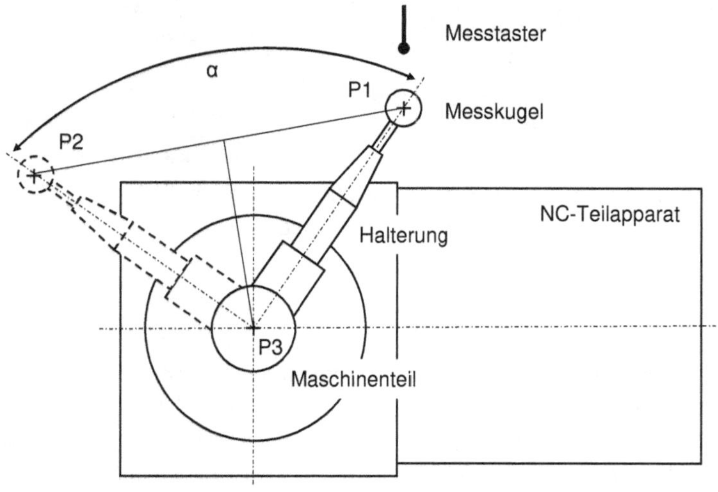

Bild 2.11: Patentiertes Verfahren zur Kalibrierung von Rotationsachsen [MAIE09]

Patented Procedure for Calibration of Rotary Axes

Für die Kalibrierung wird die Kugel, gegebenenfalls über ein Hilfsmittel, am drehenden Teil der Rotationsachse befestigt (siehe Bild 2.11). Anschließend wird die Position des Kugelmittelpunktes (P1) mittels mehrerer Punktmessungen mit dem maschinenintegrierten Taster ermittelt. Im nächsten Schritt verfährt die zu kalibrierende Rotationsachse in eine zweite Stellung (Winkel α).

Dann wird der verschobene Kugelmittelpunkt erneut bestimmt (P2). Aus den ermittelten Koordinaten kann nun Lage der Rotationsachse (P3) berechnet werden.

Heute ist es üblich, dass die Kugel für drei oder mehr Stellungen der Rotationsachse eingemessen wird. Aus den Messdaten können dann direkt die Lageabweichungen in zwei Raumrichtungen bestimmt und in der Maschinensteuerung hinterlegt werden. Darüber hinaus können auch Orientierungsabweichungen der Rotationsachse bestimmt werden. Frei konfigurierbare Messzyklen hierfür sind auf den gängigen NC Steuerungen verfügbar [HEID09] [SIEM17]. Ein typischer Messaufbau für ein Fünf-Achs-Bearbeitungszentrum ist in Bild 2.12 dargestellt.

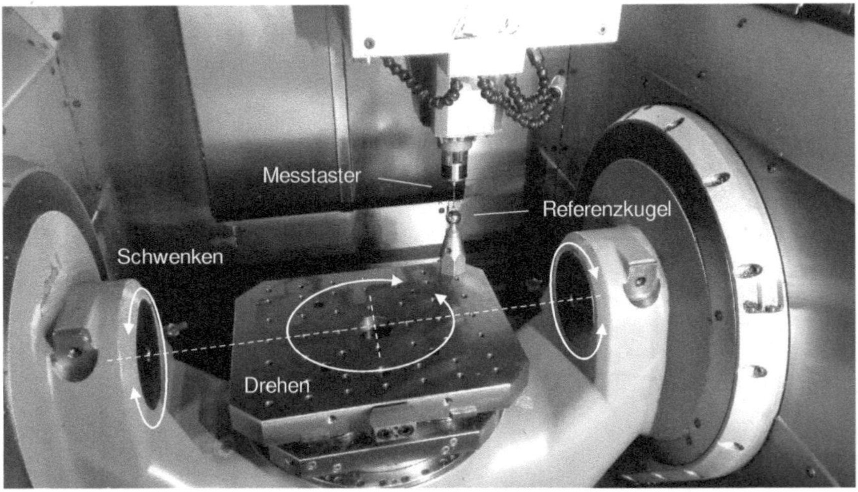

Bild 2.12: Typischer Messaufbau für ein Fünf-Achs-Bearbeitungszentrum
Typical Measuring Setup for a Five-Axis Machining Center

2.2.2 Radial-Test (R-Test)

Radial-Test (R-test)

Eine Alternative zum eingangs beschriebenen Verfahren ist der R-Test nach [WEIK04]. Hierbei werden statt eines Messtasters drei oder vier orthogonal angeordneten Abstandsensoren verwendet (siehe Bild 2.13). Der Position der Messkugel kann so direkt und ohne zusätzlich Messbewegungen erfasst werden. Bei der Kalibrierung werden Sensor und Messkugel üblicherweise simultan auf einer Kreisbahn bewegt. Das bedeutet, dass der Sollvektor zwischen beiden Komponenten über den gesamten Messprozess konstant gehalten wird. Die Messwertaufnahme erfolgt dann kontinuierlich (dynamischer R-Test) oder für diskrete Achsstellungen (statischer R-Test). Aus den Änderungen der Messwerte kann mittels geeigneter Software auf die Lage- und Orientierungsabweichungen der Rotationsachse geschlossen werden. Das R-Test Verfahren ist in der Normung beschrieben [ISO14b].

Bild 2.13: R-Test Messsysteme [FIDI18; IBS16]
R-Test Measuring Systems

Der (dynamische) R-test hat zwei große Vorteile gegenüber einer Messung mit Messtaster. Zum einen ist die Messung in etwa um den Faktor zehn schneller. Zum anderen können aus den kontinuierlichen Messdaten, ähnlich wie bei einem Kreisformtest, Rückschlüsse auf den mechanischen Zustand der bewegten Achsen getroffen werden. Zur Durchführung des Verfahrens sind derzeit mindestens drei Systeme kommerziell verfügbar [FIDI18; IBS16]. Diese unterscheiden sich vor allem in Art und Anordnung der Sensoren. Details zur technischen Umsetzung werden in den genannten Firmenschriften sowie in den entsprechenden Offenlegungsschriften dargelegt [MORF04; MORF13; TRAP04]. Aus Kostengründen konnte sich jedoch im Gegensatz zum Messtaster eine feste Maschinenintegration bisher nicht durchsetzen.

2.2.3 Fünf-Achs-Kalibrierung

Five-Axis Calibration

Derzeit gibt es mindestens zwei messtasterbasierte Kalibrierverfahren, die industriell genutzt werden und über den in Kapitel 2.2.1 beschriebenen Standard hinausgehen. Das erste Verfahren ist in der Lage, die Rechtwinkligkeitsabweichungen von Linearachsen sowie die Lage- und Orientierungsabweichungen von werkstückseitigen Rotationsachsen simultan zu bestimmen [OKUM12].

Die Aufzeichnung der Messdaten erfolgt dabei analog zum Standardprozess. Eine Kalibrierkugel wird außermittig auf dem Maschinentisch platziert und für verschiedene Stellungen der Rotationsachsen eingemessen. Aus den entsprechenden Offenlegungsschriften [MATS11; MATS12a; MATS12b] geht hervor, dass die ermittelten Positionen mit einem kreisförmigen Bogen angenähert werden. Bei der Kalibrierung werden drei bzw. vier Teil-Messungen durchgeführt:

- Indexieren der Drehachse mit Schwenkachse in Nullstellung
- Indexieren der Drehachse mit Schwenkachse in einer anderen Stellung
- Indexieren der Schwenkachse für eine (oder zwei) Stellungen der Drehachse

Aus der Abweichung der gemessenen Bögen von der idealen Kreisform werden die Zentrumspositionen und die Neigungsfehler der rotatorischen Achsen sowie die Neigungsfehler der translatorischen Achsen bestimmt.

In einer weiteren Offenlegungsschrift [OKI15] wird das Verfahren ergänzt um die Ermittlung von Skalierungsfaktoren für die Linearachsen. Hierfür werden die beschriebenen kreisförmigen Bögen mit Ellipsenausdrücken angenähert. Über die Streckung der Ellipsen werden entsprechende Skalierungsfaktoren der Linearachsen bestimmt. Diese werden dann über eine Anpassung der Temperaturkompensation korrigiert.

Die Offenlegungsschrift [MATS16] hingegen beschreibt den eingesetzten Messprozess genauer: Zur Erfassung der Kugelpositionen werden wie üblich fünf Messpunkte verwendet. Besonderheit hierbei ist jedoch, dass bei Erfassung der initialen Kugelposition, die Hauptspindel in 90° Schritten gedreht wird, um den Messtaster radial zu kalibrieren. In allen folgenden Messungen bleibt die Hauptspindel dagegen in der 0 Grad Stellung.

Das zweite Kalibrierverfahren beinhaltet ein spezifisches Messnormal. Hierbei handelt es sich im Wesentlichen um eine Vorrichtung zur flexiblen Befestigung von zwei Messkugeln auf einem Maschinentisch [MAIE18]. Durch ein mechanisch wie thermisch stabiles Element wird sichergestellt, dass der Abstand zwischen den Kugeln mit einem kalibrierten Wert übereinstimmt (siehe Bild 2.14).

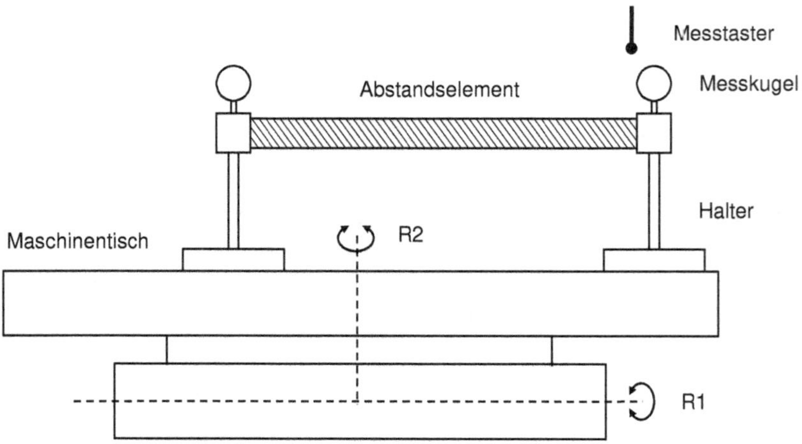

Bild 2.14: Kalibrier-Artefakt mit zwei Messkugeln [MAIE18]

Calibration Artefact with two Reference Balls

Wird diese Vorrichtung auf einem Dreh-/Schwenktisch angebracht, so können die Messkugeln über die Rotationsachsen des Tisches frei im Arbeitsraum der Maschine positioniert werden. Ähnlich wie bei den bereits beschriebenen Verfahren können nun die Kugelkoordinaten mit dem Messtaster der Maschine bestimmt werden. Durch die feste Verbindung der zwei Kugeln muss der gemessene Abstand, unabhängig von der Stellung und der geometrischen Abweichungen der Rotationsachsen, immer einem bestimmten (kalibrierten) Längenwert entsprechen. Durch Auswertung der gemessenen Längenabweichungen lassen sich nun die geometrischen Abweichungen der Messachsen X, Y und Z ermitteln. Obwohl die Berechnungsvorschiften in der Offenlegungsschrift [MAIE18] nicht näher erläutert werden, ist davon auszugehen, dass hier ein Lösungsverfahren ähnlich wie in [SCHW02] zur Anwendung kommt.

Laut Herstellerbeschreibung [DMG18a; DMG18b] sollen folgende geometrische Abweichungen ermittelt und korrigiert werden können:

- Maßfehler der Linearachsen
- Winkelfehler der Linearachsen
- Geradheit der Linearachsen

Zusammen mit dem Standardverfahren für die Lage- und Orientierungsabweichungen der Rotationsachsen ist man also nun in der Lage, ähnlich wie beim erstgenannten Verfahren zur Fünf-Achs-Kalibrierung, ein umfassendes Bild über die Abweichungen der gesamten Maschine zu bekommen. Zur tatsächlichen Leistungsfähigkeit des beschriebenen Ansatzes sind jedoch keine belastbaren Daten verfügbar.

2.3 Stand der Forschung

State of the Art in Research

Für Fünf-Achs-Werkzeugmaschinen sind forschungsseitig bereits eine ganze Reihe indirekter Kalibrierfahren bekannt. Sie lassen sich anhand des eingesetzten Messsystems in folgende Kategorien einteilen [KNAP12]:

- Ball Bar / Kreisformtest
- R-Test / Chase-the-ball
- Vermessung von Artefakten
- Tracking Interferometer
- Bearbeitungstests

Für eine einfache Selbstkalibrierung (siehe Seite 16) mittels Messtasters und unkalibriertem Artefakt sind vor allem die Arbeiten im Bereich „R-Test / Chase the Ball“ interessant. Der Stand der Forschung in diesem Bereich wird im Folgenden ausführlich dargestellt.

2.3.1 R-Test mit einer Kugelposition

R-test with Single Ball Position

In [BRIN06] wird ein R-test basiertes Verfahren für die geometrische Kalibrierung von Fünf-Achs-Bearbeitungszentren aufgezeigt. Das hierfür entwickelte Messsystem besteht erstens aus einer keramischen Präzisionskugel, die über den Werkzeughalter an der Spindel befestigt wird. Sie stellt die Referenz für den TCP dar. Den zweiten Teil des Messsystems bilden vier pyramidal angeordnete Sensoren, die zusammen auf dem Dreh-/Schwenktisch der Maschine befestigt sind (siehe Bild 2.15).

Zur Messung wird die Präzisionskugel im Schnittpunkt der Sensoren positioniert. Werden nun Sensoren und Kugel über die Maschinenachsen simultan bewegt, so kann die Abweichung zwischen Werkzeug- und Werkstückseite der Maschine in Vektorform bestimmt werden. Diese Art der Messbewegung gibt dem Verfahren den charakteristischen Namen. Darüber hinaus kann aufgrund der Sensorredundanz geprüft werden, ob die Messwerte plausibel sind oder ob Störungen, z.B. durch Verschleiß oder Verschmutzung, vorliegen. Die Messunsicherheit (k=2) liegt bei 1 µm. Ein detaillierte Herleitung dieses Wertes ist in [BRIN07] zu finden.

Bild 2.15: Messsystem auf Maschinentisch [BRIN06]

Measuring System on Machine Table

Das kinematische Maschinenmodell wird über normalisierte Richtungsvektoren der einzelnen Maschinenachsen sowie über mehrere Offset-Vektoren beschrieben. Diese Offset-Vektoren stellen eine Verschiebung vom Maschinennullpunkt zur ersten Rotationsachse, von der ersten Rotationsachse zur zweiten Rotationsachse und von der zweiten Rotationsachse zum Werkstückkoordinatensystem dar. Durch das Kinematische Modell können beliebige Koordinatentransformationen zwischen dem Maschinen- und dem Werkstückkoordinatensystem, aber auch zu den Achskoordinatensystemen durchgeführt werden.

Auf Basis des Maschinenmodells können die geometrischen Abweichungen der Maschine punktweise simuliert werden. Die Abweichungen verändern dabei die Richtungsvektoren der Achsen, die Achspositionen und die Offsets zwischen den Achsen. Für die Simulation der achspositionsabhängigen Abweichungen werden Fourier-Reihen und in manchen Fällen Sinus-Funktionen verwendet. Die Abweichungen der Spindel werden nicht berücksichtigt.

Mit dem verwendeten Messsystem können nur Änderungen der TCP-Abweichung zwischen zwei Messposen bestimmt werden, da die exakte Position des Sensorsystems auf dem Maschinentisch unbekannt ist. Daher wird folgender Ansatz zur Berechnung der geometrischen Abweichungen verwendet:

$$MIN \sum_{i=1}^{n} \left(\Delta x^{trans} - \Delta x_{calculated}^{trans}(p)\right)^2 \quad (2.14)$$

Der Minuend Δx^{trans} stellt hierbei die relative Messwertänderung zwischen zwei Posen dar. Der Subtrahend $\Delta x_{calculated}^{trans}(p)$ beschreibt dagegen eine simulierte Messwertänderung. Sie ergibt sich aus den zu bestimmenden Abweichungsparametern p. Das so formulierte nichtlineare Optimierungsproblem kann mittels Levenberg-Marquardt Algorithmus gelöst werden. Hierbei ist jedoch zu beachten, dass nur eine gewisse Teilmenge der geometrischen Abweichungen identifiziert werden kann. Grund hierfür sind Einschränkungen hinsichtlich möglicher Messposen und die hiervon abhängige numerische Stabilität des Optimierungsproblems.

Im Rahmen der Kalibrierung werden lediglich 14 als dominant angenommenen Abweichungen identifiziert. Dies sind:

- Acht Lage- und Orientierungsabweichungen der Rotationsachsen
- Eine harmonische Positionierabweichung der Rotationsachsen (Schwenken)
- Drei Orientierungsabweichungen (Rechtwinkligkeiten) der Linearachsen
- Drei lineare Positionierabweichungen der Linearachsen. Hierbei werden jedoch die Abweichungen in X und Y Richtung (EXX und EYY) gleichgesetzt, um eine nicht eindeutige mathematische Lösung (Singularität) zu vermeiden.

Für die Kalibrierung werden 79 Messposen verwendet. Hierfür wird der exzentrisch auf dem Tisch angebrachte Sensor im Fünf-Achs-Simultanbetrieb so bewegt, dass sich alle relevanten Teile der Linearachsen im Messbereich befinden. Dies wird durch eine gleichmäßige Verteilung der Messpositionen über die Dreh-Bewegung und ein Schwenken der Drehachse von -95° bis +25° erreicht. Um den Einfluss von Umkehrspiel auf die Messung auszuschließen, werden alle Achsen immer in positive Richtung auf den Messpunkt zubewegt. Das Ausgleichsproblem ist numerisch gut konditioniert. Analysen zeigen, dass hierfür eine gleichmäßige Verteilung der Messpunkte im Arbeitsraum wichtiger ist als die Anzahl der Messungen.

Zur Schätzung der Parameterunsicherheit wird nicht nur die Unsicherheit des Messsystems berücksichtigt. Stattdessen wird auch ein möglichst realitätsnahes Fehlermodell der Maschine in die Monte Carlo Simulation mit einbezogen. Dies ist wichtig, da die systematischen, aber nicht berücksichtigten Maschinenfehler, einen wesentlich stärkeren Einfluss auf die Güte der Kalibrierung haben als ein statistisches (normalverteiltes) Sensorrauschen. Durch Simulation der gesamten Kalibrierkette (Messung, Identifikation und Maschinenperformance nach Kalibrierung) kann auch die voraussichtliche Genauigkeitssteigerung vorhergesagt werden.

Zur Absicherung der Ergebnisse wird die Kalibrierung der Maschine auch messtechnisch überprüft. Dies ist wichtig, da aus der Monte Carlo Simulation ersichtlich wird, dass es mögliche Abweichungsausprägungen gibt, die zu einer mangelhaften Kalibrierung führen. Die Simulation zeigt auch, dass die Kalibrierung nicht mit dem gleichen Messmittel überprüft werden sollte, mit dem die Kalibrierdaten erzeugt wurden, da sich Abweichungen aus den Linear- und Rotationsachsen gegenseitig kompensieren können. Ein möglicher Ausweg ist die unabhängige Prüfung der Linearachsen mittels Kreisformtest (Double Ball Bar).

Anhand des vorgestellten Anwendungsfalles kann demonstriert werden, dass das gewählte Fehlermodell und die gewählte Messstrategie zu einer deutlichen Genauigkeitssteigerung der Maschine führen können. So kann beispielsweise die mittlere Abweichung eines Durchmessers beim Kreisformtests von ca. 100 µm auf ca. 20 µm gesenkt werden.

Neben der grundlegenden Arbeit von Bringmann gibt es noch eine Reihe weiterer Arbeiten, die sich mit dem R-Test mit einer Kugelposition befassen. Sie betrachten zum Beispiel andere Sensoren [LEI02; ZARG09; HONG13], andere Maschinentypen [LI17] oder befassen sich differenzierter mit der Kalibrierung der Rotationsachsen [IBAR11; HONG12].

2.3.2 R-Test mit mehreren Kugelpositionen

R-Test with multiple Ball Positions

In [FLOR16] wird ein ähnlicher Ansatz zur Kalibrierung von Fünf-Achs Bearbeitungszentren gezeigt. Der hier verwendete Sensor basiert auf der Veröffentlichungsschrift [TRAP04] und besteht aus drei induktiven Wegsensoren, die mittels federgelagerter Messplättchen die räumliche Position einer Stahlkugel bestimmen können. Die experimentell ermittelte Unsicherheit der Messdatenerfassung wird mit 1,3 µm angegeben. Der Messvorgang entspricht dem R-Test aus [BRIN06] weitestgehend. Sensor und Kugel werden stückweise simultan von Messposition zu Messposition bewegt. Wesentlicher Unterschied ist hier jedoch, dass der Sensor spindelseitig und die Kugel werkstückseitig montiert wird.

Bild 2.16: Versuchsaufbau zur Kalibrierung [FLOR16]
Experimental Setup for Calibration

Anhand der Geometrie-Daten einer Demonstrator-Maschine wird mittels Simulation der Einfluss verschiedener Parameter auf die Genauigkeit der Kalibrierung analysiert. Auf dieser Basis wird das Verfahren mit vorteilhaft gewählten Parametern exemplarisch umgesetzt und validiert. Im Gegensatz zum Verfahren nach [BRIN06] setzt [FLOR16] B-Splines zur Beschreibung der Abweichungsverläufe ein. Dieser Ansatz besitzt den Vorteil, dass auch komplexe Funktionen numerisch robust abgebildet werden können. Im Rahmen der Anwendung werden die Bewegungsabweichungen über Splines ersten Grades mit fünf bis sieben Knoten modelliert.

In der exemplarischen Anwendung des Verfahrens beinhaltet die Messstrategie folgende Parameter:

- Schwenkbereich ±60° (10° Schritte)
- Drehbereich: 0 bis 360 (10° Schritte)

Im Vergleich zu [BRIN06] wird die Messkugel jedoch sequentiell an vier unterschiedlichen Positionen auf dem Maschinentisch befestigt. Der Abstand der einzelnen Messkugelpositionen zum Drehzentrum variiert hierbei. Insgesamt ergeben sich so 13 x 36 x 4 = 1872 Messposen.

Die mathematische Grundlage zur Bestimmung der Abweichungsparameter aus den Messdaten ist ein lineares Gleichungssystem der Form:

$$V(p_n) = MA(p_n) \cdot E(p_n) \tag{2.15}$$

$V(p_n)$ beschreibt den messbaren volumetrischen Fehler V für die Messpunkte p_n. Die Koeffizientenmatrix $MA(p_n)$ bildet die unbekannten Abweichungen $E(p_n)$ für jeden Messpunkt auf den volumetrischen Fehler ab und ergibt sich aus den geometrischen Verhältnissen in der Maschine. Das hierfür notwendige Modell wird über Vektoren und Rotationsmatrizen beschrieben, die die verschiedenen Abweichungs-Koordinatensysteme ineinander überführen.

Für die Berechnung der geometrischen Abweichungen nach Gleichung (2.15) muss das Fehlermodell in einem vorgelagerten Arbeitsschritt linearisiert werden. Hierzu wird eine Kleinwinkelnäherung genutzt sowie alle Abweichungsterme höherer Ordnung aus Modellgleichungen entfernt. Durch Simulationen wird nachgewiesen, dass diese Linearisierung zu einer Ergebnisabweichung von weniger als 1% führt. Das entstehende lineare Gleichungssystem wird mittels Singulärwertzerlegung gelöst und über eine Analyse der Konditionszahl sowie sogenannter Unsicherheitsverstärkungsfaktoren bewertet. Darüber hinaus wird die mögliche Abbildungstreue der gewählten Fehlerfunktionen in den Untersuchungen berücksichtigt.

Identifiziert werden alle Lage- und Orientierungsabweichungen (insgesamt 11) sowie alle Bewegungsabweichungen (insgesamt 30) außer:

- Positionierabweichung der Z-Achse (E_{ZZ})
- Rollen, Nicken und Gieren der Z-Achse (E_{AZ}, E_{BZ} und E_{CZ})
- Gieren der X-Achse (E_{CX})

Für den Ausschluss dieser Parameter gibt es gute Gründe. Die Positionierabweichung E_{ZZ} wird zu Null gesetzt, um die eindeutige Lösbarkeit des Kalibrierproblems sicherzustellen. [BRIN06] erreicht denselben Effekt durch die Kopplung der Abweichungen E_{XX} und E_{YY}. Die aufgeführten rotatorischen Abweichungen hingegen sind nicht eindeutig bestimmbar, da die Position des Sensors relativ zum TCP im gewählten Messaufbau fix ist.

Zur Validierung werden die Kompensationsfunktionen der Demonstrator-Maschine genutzt, um einfache, definierte Fehler bei der Bewegung der Achsen zu erzeugen. Im Versuch wird die Maschine einmal im Originalzustand und einmal mit aufgeprägten Zusatz-Fehlern vermessen. Die Differenz der Messwerte wird dann für die Identifikation genutzt. Die Ergebnisse der Identifikation entsprechen bei diesem Vorgehen im Idealfall den aufgeprägten Kompensationswerten. Bei der Auswertung zeigt sich, dass die aufgeprägten Fehler größtenteils qualitativ und quantitativ korrekt identifiziert werden können. Einige Fehlerverläufe weisen jedoch signifikante Abweichung auf. Für eine zuverlässige und industrietaugliche Anwendung sind somit weitere Analysen und Optimierungen notwendig.

2.3.3 R-Test mit Mehrkugelartefakt

R-Test with Multi Ball Artefact

Ein dritter, dem R-Test verwandter Ansatz zur Fünf-Achs-Kalibrierung, nutzt im Gegensatz zu den beiden vorangegangenen Verfahren ein Artefakt mit mehreren Messkugeln (siehe Bild 2.17). Eine Sammlung der relevanten Veröffentlichungen findet sich in [ALAM18]. Als Sensor dient ein schaltender Messtaster, der über einen Werkzeughalter in der Spindel befestigt ist. Eine typische Messsequenz beinhaltet fünf Einzelmessungen an jeder Messkugel (vier am Äquator, eine am Pol), um den Kugelmittelpunkt exakt bestimmen zu können (vergleiche Kapitel 2.2.1).

Das mit dem Akronym SAMBA („Scale and Master Balls Artefact") bezeichnete Artefakt besteht aus mehreren Teilen. Zum einen werden bis zu vier Messkugeln auf bei Bedarf unterschiedlich langen Stäben verwendet („Master Balls"). Zum anderen wird ein Stab mit zwei Messkugeln eingesetzt, deren Abstand zueinander kalibriert ist („Scale"). „Master Balls" und „Scale" können frei auf dem Maschinentisch positioniert werden. Ihre exakte Lage zueinander muss nicht bekannt sein.

Bei der Kalibrierung der Maschine werden die Rotationsachsen nacheinander in verschiedene Stellungen gebracht. Der Messtaster erfasst dann für jede Stellung alle zugänglichen Kugelpositionen. Obwohl eine Verfolgung der einzelnen Messkugeln zeitlich nicht direkt stattfindet, ähnelt der Messprozess stark dem R-Test.

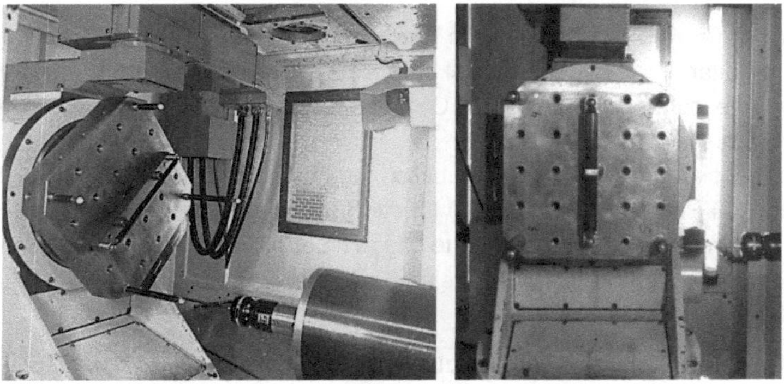

Bild 2.17: Mehrkugelartefakt „SAMBA" [MAYE12]

Multi Ball Artefact "SAMBA"

Die Position des Messtasters wird relativ zu den Messkugeln auf Basis eines geeigneten Abweichungsmodells dargestellt. Hierbei werden die üblichen Vereinfachungen wie Starrkörpermodell und Kleinwinkelnäherung berücksichtigt. Zur mathematischen Beschreibung des Maschinenverhaltens wird eine kinematische Vorwärtsmodellierung auf Basis homogener Transformationsmatrizen verwendet. Die Bewegungsabweichungen werden über Polynome dritten Grades beschrieben, die um einen richtungsabhängigen Term ergänzt werden, um das Umkehrspiel der Achsen zu berücksichtigen.

Zur Berechnung der geometrischen Abweichungen wird zunächst die Jakobimatrix J des Kalibrierproblems (2.16) bestimmt. Sie beschreibt die Sensitivität der relativen Lage der Messtaster-Spitze zu einer Messkugel $\delta\tau$ in Abhängigkeit von den Änderungen der Modellparameter δP.

$$\delta\tau = J \cdot \delta P \tag{2.16}$$

Das resultierende nichtlineare Ausgleichsproblem wird anschließend über den Gauß-Newton Ansatz gelöst. Bei diesem iterativen Verfahren werden zunächst die Modellparameter geschätzt. Auf Basis der Schätzung und der Jakobi-Matrix werden dann die Messdaten näherungsweise berechnet. Dies wird wiederholt, bis optimale Parameter gefunden wurden, d.h. die Abweichung zwischen berechneten und tatsächlich gemessenen Daten unter eine gewisse Schwelle fällt.

Zur Beurteilung des Kalibrierverfahrens werden zwei Modellvarianten untersucht. Das erste Modell [MAYE12] ist vergleichsweise einfach aufgebaut und beinhaltet lediglich 13 als dominante betrachtete Abweichungsparameter. Es enthält:

- Drei Orientierungsabweichungen für die Linearachsen
- Drei Positionierabweichungen für die Linearachsen (linearer Verlauf)
- Drei Lageabweichungen für die Rotationsachsen
- Vier Orientierungsabweichungen für die Rotationsachsen

Das zweite Modell [ALAM14] beschreibt alle Bewegungsabweichungen der Maschine über Polynome dritten Grades. Vom Modell sind jedoch die Abweichungsparameter ausgenommen, die aufgrund des festen TCP messtechnisch nicht erfasst werden können (vergleiche Kapitel 2.3.2) oder die das Maschinenverhalten redundant beschreiben. So reduzieren sich die 120 theoretisch möglichen Parameter (5 Achsen x 6 Freiheitsgrade x 4 Polynom-Koeffizienten) für die Bewegungsabweichungen auf 84 unabhängige Parameter. Durch die kalibrierte Länge („Scale") ist im Vergleich zu den Verfahren nach [BRIN06] und [FLOR16] keine Einschränkung hinsichtlich E_{XX}, E_{YY} oder E_{ZZ} notwendig.

Um die Effektivität des Kalibrierverfahrens zu steigern, kann automatisiert nach optimalen Messstrategien gesucht werden [ALAM19]. Hierfür kann ein Algorithmus eingesetzt werden, der den Aufwand einer Kalibriermessung schrittweise verringert, bis eine definierte Kalibriergenauigkeit unterschritten wird. Eine solche Parameter-Identifikation mit minimalen „Kosten" wird in der statistischen Versuchsplanung als „D-optimal Design" bezeichnet. Als Optimierungskriterium für die Beurteilung einer Messstrategie wird die Konditionszahl der Jakobi Matrix nach Gleichung (2.16) verwendet. Der Optimierungsalgorithmus beinhaltet zwei Schritte:

Im ersten Schritt werden aus einem räumlichen Raster von ca. 100 möglichen Kugelpositionen diejenigen Kugelpositionen identifiziert, die die besten Kalibrierergebnisse (geringste Konditionszahlen) versprechen.

Hierbei wird davon ausgegangen, dass die Messung an jeder Kugel für ausreichend viele Stellungen der Rotationsachsen (450) durchgeführt wird. Im zweiten Schritt werden für die ausgewählten Kugelpositionen, diejenigen Achsstellungen bestimmt, die zu den geringsten Konditionszahlen führen. Hierfür wird die maximale Anzahl der Achsstellungen auf ein bestimmtes Vielfaches der Anzahl der zu bestimmenden Unbekannten begrenzt.

Diese Ermittlung einer D-optimalen Messstrategie wird für beide Fehlermodelle durchgeführt. Es zeigt sich, dass die Optimierungen auch für verschiedene Ballpositionen und Dreh-Achs-Stellungen gegen ähnliche Konditionszahlen konvergieren. Es ist daher davon auszugehen, dass tatsächlich Lösungen nahe dem Optimum gefunden werden konnten. Tabelle 2.2 zeigt die erreichten Verbesserungen in der Übersicht. Die Konditionszahl ist hierbei ein Maß für die numerische Stabilität der Ausgleichsrechnung.

Tabelle 2.2: Ergebnisse der Strategie-Optimierung [ALAM19]

Results of Strategy Optimization

Modell-parameter	Strategie	Anzahl Messkugeln	Anzahl Messungen	Konditions-zahl	Dauer der Messung
13	Zu Beginn	4	41	29	0,9 h
	Optimiert	1	29	27	0,7 h
84	Zu Beginn	4	53	5022	1,2 h
	Optimiert	4	163	3530	3,7 h

Zur Validierung der ausgewählten Kalibrierstrategien wird eine Prüfung analog zur [DIN10] durchgeführt [ALAM18, S. 77–102]. Hierbei wird ein Endmaß auf dem Maschinentisch montiert und in unterschiedlichen Stellungen der Rotationsachsen eingemessen. Das Endmaß besitzt in diesem Fall eine ähnliche Größe wie der Maschinentisch. Die Abweichung der gemessenen von der kalibrierten Endmaßlänge ist ein Maß für die Genauigkeit der Maschine.

In [ALAM18, S. 77–102] wird anhand der Konditionszahl prognostiziert, dass ein Modell mit 84 Parametern die Messwerte mit minimalem Restfehler abbildet. Bei der Validierung am Endmaß werden jedoch deutlich größere Abweichungen gemessen. Bei diesem Modell ist daher von einer Überanpassung (Overfitting) auszugehen. Der Effekt tritt bei sieben unterschiedlichen Messstrategien mit bis zu ca. 400 Messwerten gleichermaßen auf.

Das einfache Modell mit 13 Parametern besitzt dagegen deutlich größere Restfehler bei der Auswertung der Messdaten. Bei der Validierung zeigt sich aber ein robustes Verhalten. Bereits 26 Messungen an einer Messkugel reichen aus, um optimale Ergebnisse bei der Validierung zu erzielen. Diese Werte werden weder durch eine Erweiterung der Messstrategie noch der Modellparameter verbessert.

2.3.4 Zusammenfassung

Summary

Die forschungsseitigen Arbeiten (Kapitel 2.3.1 bis Kapitel 2.3.3) zeigen, dass es eine Vielzahl an Möglichkeiten gibt, R-test basierte Verfahren zur Selbstkalibrierung zu implementieren. Tabelle 2.3 gibt einen vergleichenden Überblick bezüglich der gewählten Lösungsansätze.

Tabelle 2.3: Vergleich der gewählten Lösungsansätze
Comparison of Chosen Approaches

		[BRIN06]	[FLOR16]	[ALAM14]
Messung	Messsystem	Messkopf mit vier Sensoren	Messkopf mit drei Sensoren	Schaltender Messtaster
	Artefakt	Einzelne Kugel	Einzelne Kugel	Mehre Kugeln, kalibrierte Länge
	Mehrkugel-Messung	Keine	Sequentiell Kugel für Kugel	Parallel Pose für Pose
Modell	Art der Basisfunktionen	Fourier-Reihen	B-Splines	Polynome
	Max. ermittelte Abweichungen	14	36	37
Ausgleichsrechnung	Vorgelagerte Linearisierung	Nein	Ja	Nein
	Lösungsverfahren	Levenberg-Marquardt	Singulärwertzerlegung	Gauß-Newton

Für eine belastbare Bewertung der Verfahren sind jedoch keine unabhängigen, unmittelbar vergleichbaren Untersuchungsergebnisse verfügbar.

3 Zielsetzung und Vorgehen

Goal and Approach

Trotz der umfangreichen Vorarbeiten hat es kein akademisches Verfahren mit komplexeren Abweichungsmodellen in die breite praktische Anwendung geschafft. Die Ursachen hierfür können wirtschaftlicher, technischer oder auch organisatorischer Natur sein. Auffällig ist jedoch, dass sich die Ergebnisse dieser Vorarbeiten stets auf Versuche an einer einzelnen Maschine stützen. Eine vergleichende Auswertung von Versuchen an mehrere Maschinen ist nicht bekannt.

Um der Frage nach der industriellen Einsatzbarkeit der Verfahrensklasse weiter auf den Grund zu gehen, sollen daher im Rahmen dieser Arbeit folgende zwei Forschungsfragen beantwortet werden:

1. *Kann ein Verfahren die klassische sequentielle Kalibrierung einzelner Achsabweichungen ersetzen?*
2. *Wie sieht eine für den breiten Einsatz geeignete Verfahrenskonfiguration aus? Welches Verbesserungspotential besteht zum etablierten Stand der Technik?*

Zur systematischen Beantwortung dieser Fragen ist der relevante Teil der Arbeit in vier Hauptkapitel gegliedert (siehe Tabelle 3.1). Der Untersuchungsbereich beschränkt sich hierbei auf Fünf-Achs-Maschinen, deren Rotationsachsen werkstückseitig angeordnet sind. Die Anordnung der Linearachsen spielt keine Rolle.

Tabelle 3.1: Zielsetzung der Hauptkapitel

Goal of the main sections

Hauptkapitel	Zielsetzung
Prozessdefinition	Eingrenzung der Aufgabenstellung
Modellbildung	Schaffung der theoretischen Grundlagen
Systemanalyse	Beantwortung von Forschungsfrage 1
Experimentelle Anwendung	Beantwortung von Forschungsfrage 2

Im Kapitel Prozessdefinition werden zunächst die messtechnischen und anwendungsbezogenen Randbedungen der R-test basierten Selbstkalibrierung betrachtet. Verfahrenskonfigurationen, die wirtschaftlich oder organisatorisch im Nachteil sind, werden hier identifiziert und in den Folgeabschnitten nicht weiterbearbeitet. Die Aufgabenstellung lässt sich so effizient eingrenzen.

Das Kapitel Modellbildung liefert eine möglichst universelle Lösung des Kalibrierproblems und bildet so die Grundlage zur weiteren Bearbeitung der Forschungsfragen. Zu den Inhalten gehören der Modellansatz zur Beschreibung der geometrischen Abweichungen sowie die gewählten Methoden der Ausgleichsrechnung. Der eingeschlagene Lösungsweg stellt im Wesentlichen eine Verallgemeinerung der Ansätze von [FLOR16] dar.

Die nun folgende Systemanalyse dient zur Beantwortung der ersten Forschungsfrage und beinhaltet einen theoretischen und einen messtechnischen Teil. Der Schwerpunkt liegt in der Analyse verschiedener Kennzahlen für unterschiedliche Verfahrenskonfigurationen. Die Ergebnisse werden durch Vergleich der Ergebnisse für verschieden Maschinen sowie im Rahmen einer unabhängigen Validierung abgesichert.

Im letzten Kapitel werden experimentelle Untersuchungen an neun Maschinen durchgeführt, um die Leistungsfähigkeit einer für die breite Anwendung geeigneten Verfahrenskonfiguration zu analysieren und im Vergleich zum Stand der Technik zu bewerten. Dies führt zur Beantwortung der zweiten Forschungsfrage und somit zum Abschluss der Arbeit.

4 Prozessdefinition

Process Definition

Für eine zielgerichtete Beantwortung der Forschungsfragen ist es notwendig, den Betrachtungsraum einzugrenzen. Dies geschieht im folgenden Abschnitt anhand der Anforderungen und Randbedingungen, denen Kalibrierverfahren für Fünf-Achs-Werkzeugmaschinen im Allgemeinen und der R-Test im Besonderen unterliegen. Ausgehend von diesen Punkt werden die im weiteren Verlauf der Arbeit betrachteten Messprozesse definiert.

4.1 Anforderungen und Randbedingungen

Requirements and Boundary Conditions

Die industrielle Akzeptanz von Kalibrierverfahren hängt von einer Reihe von Faktoren ab. Tabelle 4.1 zeigt eine kurze Zusammenfassung. Für Fünf-Achs-Bearbeitungszentren sind insbesondere die Faktoren Unsicherheit, Dauer, Anwendereinfluss und Schnittstellen zentral. Grund hierfür ist, dass die geometrischen Abweichungen dieser Maschinengattung besonders stark von ihren internen Temperaturverhältnissen abhängen und die Kalibrierung bei schwankenden Betriebs- und Umgebungsbedingungen regelmäßig wiederholt werden muss.

Als Beispiel hierfür soll folgende Versuchsreihe dienen: An einem Bearbeitungszentrum im normalen Produktionsbetrieb (2-Schicht-Werkstattfertigung) wurde die Fünf-Achs-Genauigkeit der Maschine über einen Zeitraum von 19 Tagen 34-mal bestimmt. Hierzu wurde die mittlere Abweichung (RMSE) der Position einer Kalibrierkugel für verschiedene Stellungen des Dreh-/Schwenktisches ermittelt. Bild 4.1 zeigt die Ergebnisse.

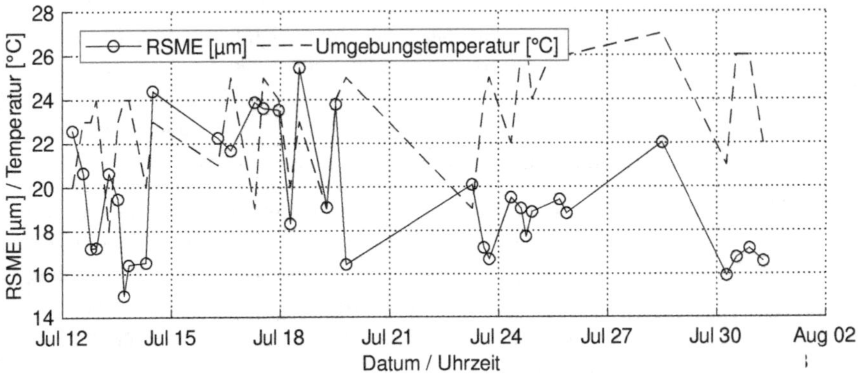

Bild 4.1: Schwankung der mittleren Fünf-Achs-Abweichung im Betrieb

Variation of the Mean Five-Axis Error During Operation

Tabelle 4.1: Beurteilungskriterien für Kalibrierverfahren nach [SCHW08, S. 669–770]
Performance Criteria of Mapping Methods

Kriterium	Bedeutung, Teilaspekte
Universalität	Eignung des Verfahrens für unterschiedliche Maschinentypen bzw. für verschiedene Achsanordnungen und -längen
Vollständigkeit	Grad, mit dem Messdaten und gewähltes Abweichungsmodell die reale Maschine widerspiegeln. Dies kann sich für unterschiedliche Maschinentypen stark unterscheiden.
Unsicherheit	Ohne eine ausreichend geringe Mess- bzw. Kalibrierunsicherheit ist das Verfahren unbrauchbar. Für die praktische Anwendbarkeit ist insbesondere eine gewisse Robustheit gegenüber äußeren Störungen und die damit verbundene Verlässlichkeit des Verfahrens entscheidend.
Anwendereinfluss	Je komplexer ein Verfahren ist, desto mehr Fachwissen wird vom Anwender gefordert und desto mehr Einfluss hat dieser auf das Ergebnis. Da der Anwender jedoch selbst eine Unsicherheitsquelle darstellt, ist ein möglichst einfaches Verfahren mit geringer Einflussmöglichkeit vorteilhaft.
Dauer	Die für eine Kalibrierung erforderlichen Zeiten setzen sich zusammen aus der Dauer für Aufbau / Umbau, Datenerfassung und Datenauswertung. Da nicht nur der Stundensatz des Anwenders sondern auch der Maschine berücksichtigt werden muss, ist eine kurze Dauer umso wichtiger.
Schnittstellen	Für eine gute Anwendbarkeit des Verfahrens sind die verfügbaren Schnittstellen zur Maschinensteuerung immens wichtig. Auf der einen Seite können sie die Datenerfassung erleichtern (z.B. durch Auslesen von Achspositionen) zum anderen müssen die Kompensationsdaten in einer für die Maschinensteuerung geeigneten Form übergeben werden.
Rückführbarkeit	Alle Komponenten des verwendeten Messsystems müssen rückführbar kalibrierbar sein. Idealerweise sind daher nur wenige Komponenten in der kritischen Messkette. Darüber hinaus ist es von Vorteil, wenn die zu kalibrierenden Messbereiche möglichst klein sind (nur geringe Abweichungen von Null).

Für die Analyse des Kalibrierverfahrens sind andere Faktoren ausschlaggebend. Um Quantität und Qualität der wissenschaftlichen Ergebnisse sicherzustellen, sind Vollständigkeit, Unsicherheit und Rückführbarkeit von größter Wichtigkeit. Dementsprechend ist es sinnvoll, den Messprozess hierfür separat zu definieren.

4.2 Messprozess für die Systemanalyse

Measurement Process for System Analysis

Zur Aufnahme der Daten für die messtechnische Systemanalyse wird ein Sensor der Firma IBS Precision Engineering verwendet (Bild 4.2). Die wesentlichen Faktoren für die Wahl dieses Sensorsystems sind die geringe Messunsicherheit sowie der im Vergleich zu schaltenden Messtastern deutlich schnellere Messprozess. Der Messaufbau wird je nach Bedarf um Befestigungsplatten für den Messkugelhalter ergänzt (siehe Bild 4.3).

Bild 4.2: 3D Messkopf für die Systemanalyse [IBS16]
3D Measuring Probe for System Analysis

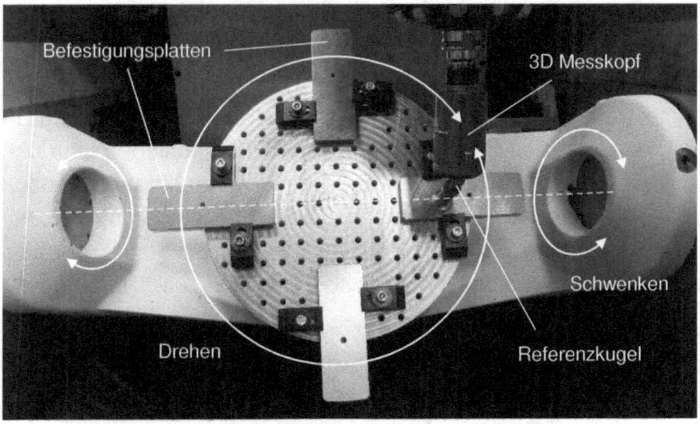

Bild 4.3: Exemplarischer Messaufbau für die Systemanalyse
Exemplary Measuring Setup for System Analysis

Der Messkopf verfügt über drei orthogonal angeordnete Wirbelstromsensoren und ist so in der Lage, die Position der Messkugel gleichzeitig entlang alle Koordinatenrichtungen zu bestimmen. Das grundlegende Messprinzip ist seit 2014 erstmalig in der ISO 10791-6 zu finden [ISO14b]. Im Gegensatz zu älteren Sensor-Versionen erfolgt die Erfassung der Kugelposition berührungslos. Hierdurch werden Reaktionskräfte und damit Verformungen sowohl auf Sensor- wie auch auf Kugelseite vermieden. Der Sensor wird in [ISO18, S. 101–102] mit den in Tabelle 4.2 genannten Spezifikationen gelistet.

Tabelle 4.2: Spezifikationen des 3D Messkopfes [ISO18]
Specification of the 3D Measuring Probe

Messbereich	3,5 mm
Auflösung	0,2 µm
Messfrequenz	2 kHz
Messunsicherheit	1,0 µm [U(k=2)] für Position des Kugelzentrums
Abmessungen	Länge: 135 mm; Durchmesser: 80 mm
Gewicht:	770 Gramm
Umgebung	Normale Produktionsbedingungen (18 °C bis 30 °C)
Kugeldurchmesser	22 mm ± 2,5 µm
Rundheitsfehler	< 0,6 µm

Der 3D Messkopf wird über einen geeigneten Werkzeughalter in der Hauptspindel der Maschine befestigt (siehe Bild 4.3). Er kann inkl. Werkzeughalter im Magazin der Maschine bevorratet und automatisiert eingewechselt werden. Die Messkugel wird üblicherweise mittels eines schaltbaren Werkstattmagneten händisch auf dem Maschinentisch aufgebracht.

Zur Messwertaufnahme werden Sensor und Referenzkugel üblicherweise simultan bewegt. Das bedeutet, dass der Sollvektor zwischen beiden Komponenten über den gesamten Messprozess konstant gehalten wird. Die Messwertaufnahme erfolgt dann entweder kontinuierlich (dynamischer R-test) oder für diskrete Achsstellungen (statischer R-test). Für die Systemanalyse wird der statische R-test bevorzugt, um eine Verfälschung des Messergebnisses durch dynamische Effekte auszuschließen.

Vor Beginn einer Messung muss der Sensor, insbesondere dessen Länge kalibriert werden. Hierzu eignet sich ein gängiges Werkzeugeinstellgerät (siehe Bild 4.4). Für die Kalibrierung wird eine Messkugel mit Feingewindestab so tief in den Sensor eingeschraubt, dass dieser einen Z-Wert von Null ausgibt. Anschließend wird der Abstand der Anschlagfläche des Werkezughalters zum Kugelpol bestimmt. Da der Durchmesser der Kugel bekannt ist, lässt sich so der gesuchte Abstand zwischen Kugelzentrum und Anschlagfläche bestimmen.

In der Praxis ist eine unzureichende Längenkalibrierung des Sensors, wie auch beim schaltenden Messtaster, eine der Hauptursachen für fehlerhafte Messergebnisse.

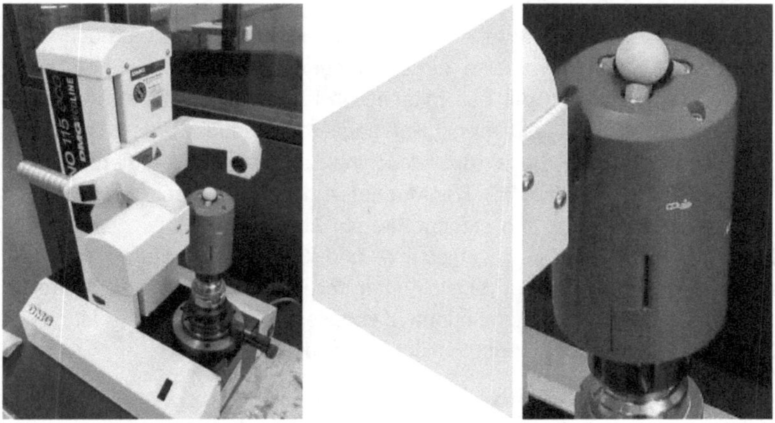

Bild 4.4: Sensorsystem auf Werkzeugeinstellgerät
Sensor System on Tool Setting Device

Die radiale Kalibrierung geschieht im eingebauten Zustand an der Maschine. Hierfür wird der Sensor mittig über der Messkugel platziert. Durch wiederholte Drehung der Spindel lassen sich die Offsets zwischen Sensor- und Spindelachse erfassen und rechnerisch korrigieren.

4.2.1 Automatisierte Messmittelhandhabung

Automated handling of measuring equipment

Nach dem bekannten Stand der Technik ist davon auszugehen, dass Messprozesse mit mehreren unterschiedlichen Kugelpositionen bessere Kalibrierergebnisse liefern als Messstrategien mit nur einer Kugelposition. Darüber hinaus ist es für die Messtechnische Systemanalyse wichtig, Messdaten von möglichst vielen unterschiedlichen Kugelpositionen zu erfassen (siehe Kapitel 6.2.1).

Für die die Realisierung von Messungen mit unterschiedlichen Kugelpositionen gibt es prinzipiell drei Umsetzungsmöglichkeiten.

- Manuelles Umsetzen einer Kugel (siehe Kapitel 2.3.2)
- Messnormal mit mehreren Kugeln (siehe Kapitel 2.3.3)
- Automatisiertes Umsetzen einer Kugel

Erste Variante ist zu vermeiden, da sie anfällig für Fehler ist und eine ständige Bereitschaft eines entsprechend geschulten Bedieners erfordert. Die zweite Variante bietet grundsätzlich die kürzeste Prozesszeit, erfordert aber ein Vielfaches an Messmitteln und schränkt die Auswahl an kollisionsfrei umsetzbaren Messstrategien ein. Die dritte Variante dagegen bietet eine hohe Flexibilität bei guter Effizienz.

Nachteilig ist hier jedoch, dass eine Automatisierung aufwändig wird, wenn eine steife Anbindung an den Maschinentisch erreicht werden muss. Dies ist üblicherweise für berührenden Messungen z.B. mit schaltendem Messtaster gegeben.

Für eine berührungs- und damit kräftefreie Messung kann eine prozesssichere Automatisierung jedoch vergleichsweise einfach umgesetzt werden. Voraussetzung hierfür ist ein Maschinentisch, der aus magnetisch leitfähigem Material besteht. In diesem Fall kann ein Messkugelhalter mit Haftmagnet verwendet werden, der mittels eines Greifers an beliebigen Stellen des Maschinentisches aufgenommen oder abgesetzt werden kann (siehe Bild 4.5). Der Magnet ist dabei so dimensioniert, dass er ausreichende Haft- und Reibkräfte erzeugt, die ein Abkippen oder Verrutschen des Kugelhalters aufgrund von Beschleunigungs- und Gravitationskräften verhindert. Gleichzeitig liegt die Haftkraft aber deutlich unter der Belastungsgrenze von Greifer, Spindel und anderen Maschinenkomponenten, sodass ein Abschalten des Magnetes für den Befestigungs- bzw. Lösevorgang nicht notwendig ist.

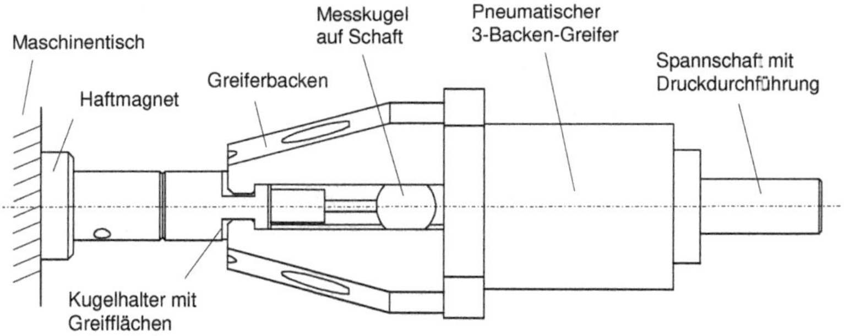

Bild 4.5: Hardware zur Automatisierung des Messprozesses
Hardware for Automation of the Measuring Process

Im oberen Teil des Kugelhalters ist eine Aufnahmebohrung vorhanden, mit der die Messkugel über einen Schaft eingespannt werden kann. Der fest mit der Kugel verbundene Schaft dient dabei als Sollbruchstelle. Im Falle einer Kollision zwischen Sensor und Kugel bricht dieser Schaft und eine neue Messkugel muss eingespannt werden. Durch die lösbare Klemmverbindung der Aufnahme ist dies problemlos möglich. Durch Zwischenstücke, die zwischen Magnetfuß und Kugelaufnahme geschraubt werden können, kann die Höhe des Kugelhalters flexibel eingestellt werden. Alle Komponenten sind vorzugsweise aus rostfreiem, nichtmagnetischem Stahl.

Der Greifer besitzt drei auskragende ebene Backen aus Kunststoff, die jeweils auf einer Planfläche mit einseitigem Absatz ansetzen und den Kugelhalter durch eine Kombination aus Form und Reibschluss sicher in sechs Freiheitsgraden fixieren. Fasen an den Greifflächen dienen einem vereinfachten Greifvorgang sowie einem Abgleiten der Backen bei Kollisionen mit dem Halter. Der Backenkonstruktion ist selbstzentrierend und kann Ungenauigkeiten bis 0,5 mm ausgleichen: Durch den Dreikantgriff wird die Endlage der Halterorientierung und der radialen Halterposition eindeutig definiert. In axiale Richtung wirkt je nach Prozessschritt ein anderer Mechanismus. Beim Aufsetzen des Kugelhalters können die Backen auf den Planflächen durchrutschen und so eine unzulässig hohe Belastung des Greifers oder der Maschine verhindern. Die Endlage wird durch die Tischoberfläche definiert. Beim Abziehen dagegen sorgen die Absätze an den Planflächen für einen sicheren Formschluss und eine exakte axiale Positionierung.

Der Greifer wird mittels Druckluft durch die Werkzeuginnenkühlung geöffnet und schließt über Federkraft. Da er in der Maschine wie ein normales Werkzeug gehandhabt wird, kann er zusammen mit dem Kugelhalter einfach ein- bzw. ausgewechselt werden und auch über einen längeren Zeitraum geschützt im Werkzeugmagazin der Maschine verbleiben. Für einen sicheren Prozess ist lediglich zu beachten, dass Tisch und Haftmagnet frei von Verschmutzungen und Spänen sein müssen und daher regelmäßig gereinigt werden sollten.

Der automatisierte Messprozess gliedert sich in vier Phasen (siehe Bild 4.6). Zunächst wird der Kugelhalter mit dem Greifer auf dem Maschinentisch abgesetzt (links oben). Anschließend wird der Sensor eingewechselt und über der Messkugel positioniert (rechts oben). Daraufhin folgen der eigentliche Messprozess (links unten) sowie das Entfernen bzw. Positionieren des Kugelhalters mit dem Greifer (rechts unten). Danach kann ein neuer Messprozess starten.

Bild 4.6: Ablauf des automatisierten Messprozesses

Sequence of the Automated Measuring Process

Bei der Auslegung der Messmittel sind folgende Dinge zu beachten:

- Sowohl Greifer als auch Halter und Messkugel müssen nicht zwangsweise exakt auf der Spindelachse liegen. Diese Offsets können durch das Messprogramm kompensiert werden. Hierbei ist es jedoch wichtig, dass die Spindelorientierung für alle Handhabungsschritte immer identisch ist.
- Der Kugelhalter muss durch den Greifer lediglich so genau positioniert werden können, dass sich die Messkugel während der folgenden Messung immer im zulässigen Messbereich des Sensors befindet und dass der Halter nach dem Messvorgang sicher wiederaufgenommen werden kann. Da die Kugelpositionierung ohnehin (einmalig) eingerichtet werden muss, ist hierfür nicht unbedingt eine hohe absolute Genauigkeit notwendig. Es reicht aus, wenn dieselbe Position wiederholgenau erreicht wird. Die konstanten Offsets können wie bereits im ersten Punkt beschrieben mit dem Messprogramm ausgeglichen werden.
- Viel kritischer ist eine Änderung der Kugelposition während des Messvorganges zu beurteilen. Diese geht unmittelbar in die Kalibrierergebnisse ein und sollte daher so klein wie technisch möglich sein. Da keine Messkräfte vorliegen und ein Verrutschen des Kugelhalters bei sauberen Oberflächen erfahrungsgemäß kein Problem darstellt, ist bei der Auslegung im Wesentlichen auf die Verformung des Kugelhalters aufgrund von Gravitationskräften zu achten. Bei dynamischen Messprozessen sind darüber hinaus die Beschleunigungskräfte relevant.

Bei einem kalibrierten Messbereich von ± 1 mm bei dem hier verwendeten Sensorsystem ist eine Wiederholgenauigkeit des Greifprozesses von ± 0.1 mm daher mehr als ausreichend. Mit einem geeigneten Versuch kann die Genauigkeit nachgewiesen werden (siehe Bild 4.7). Hierzu wird der Kugelhalter 20-mal an derselben Stelle abgesetzt und wiederaufgenommen. Nach jedem Absetzvorgang wird der Greifer ausgewechselt und die Kugelposition mit dem Sensorsystem erfasst. In den Ergebnissen ist deutlich eine linearere Drift zu erkennen. Da der Versuch ca. 20 min dauert, beruht diese mit hoher Wahrscheinlichkeit auf einer Temperaturänderung in der Maschine. Ohne Drift ergibt sich eine Wiederholgenauigkeit von ± 0.003 mm. Mit vergleichsweise einfachen Mitteln kann also bereits eine sehr hohe Prozesssicherheit erreicht werden.

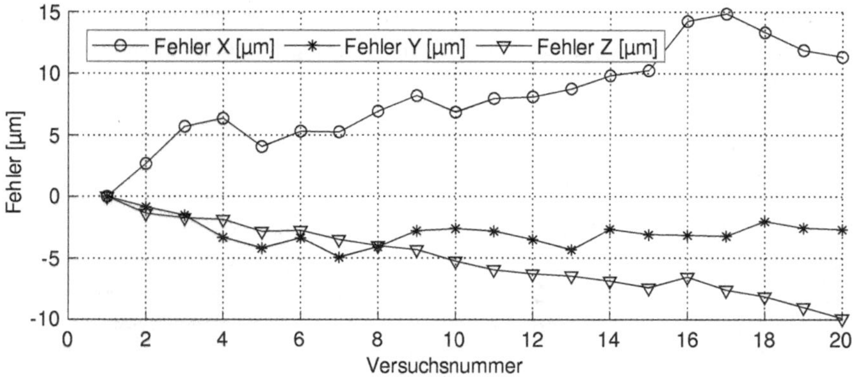

Bild 4.7: Wiederholgenauigkeit der Kugelpositionierung

Repeatability of Ball Positioning

Zur Beurteilung des Einflusses von Gravitations- und Beschleunigungskräften auf den verwendeten Messkugelhalter wird ein zweiter Versuch durchgeführt. Herbei werden Halter und Sensorsystem jeweils um 90° versetzt auf dem Maschinentisch befestigt. Der Tisch wird ausgehend von seiner horizontalen Nulllage um 90° geschwenkt und in vier um jeweils 90° versetzte Stellungen gedreht, sodass Sensor und Kugelhalter nach der Bewegung immer parallel bzw. rechtwinklig zur Gravitationskraft ausgerichtet sind (siehe Bild 4.8). Für jede der fünf Stellungen wird die Lageänderung der Kugel durch den Sensor erfasst.

Bild 4.8: Messung von Gravitations- und Beschleunigungseinfluss

Measuring of Gravitation and Acceleration Influence

Aus den Messwerten kann die maximale gravitationsbedingte Verlagerung der Kugel bestimmt werden. Sie ergibt sich zu 0,8 µm. Dies liegt in der Größenordnung der Messunsicherheit des Sensors und ist somit tolerierbar.

4.3 Messprozess für die Anwendung

Measurement Process for Application

Für eine möglichst gute Anwendbarkeit des Kalibrierverfahrens ist es sinnvoll, sich hinsichtlich des Messprozesses möglichst nah am etablierten Stand der Technik (Kapitel 2.2.1) zu orientieren. Die für die Anwendung bevorzugten Messmittel beinhalten lediglich einen schaltenden Messtaster sowie eine Referenzkugel auf einem geeigneten Halter (siehe Bild 4.9). Insbesondere die Schnittstellen-Problematik (vergleiche Tabelle 4.1) wird so optimal gelöst.

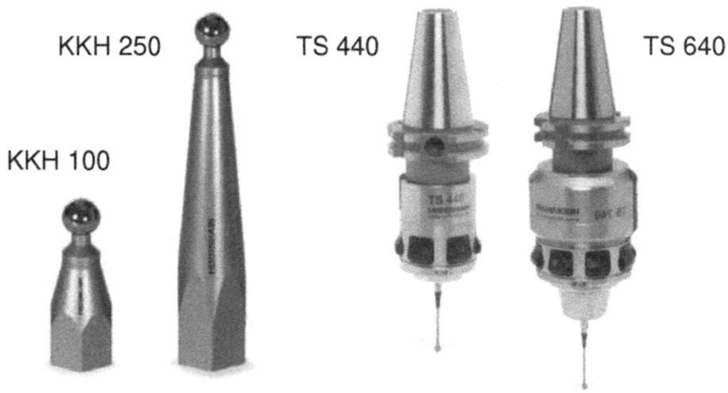

Bild 4.9: Messkugelhalter und Messtaster nach [HEID09]

Ball Holder and Touch Probe

Seit 2011 sind die Testbedingungen zur Ermittlung der Eigenschaften von Messtastern in Werkezugmaschinen im Rahmen der ISO 230-10 genormt [ISO16]. Die meisten Taster erreichen eine Wiederholgenauigkeit (2σ) von 0,25 µm bis 1 µm [RENI14] und liegen damit üblicherweise im gleichen Bereich wie die Einzelachsen der entsprechenden Maschine. Prinzipiell sind sie damit für die Kalibrierung geeignet. Die gesamte Unsicherheit einer Messung kann auf Basis von [ISO05] bestimmt werden.

Einen erheblichen Unsicherheitsbeitrag liefert die Durchbiegung des Kugelhalters. Da beim „Schalten" des Tasters nicht zu vernachlässigende Kräfte auftreten, muss der Kugelhalter entsprechend steif ausgeführt werden. Üblicherweise tolerierte Verschiebungen der Kugel durch Messkräfte liegen bei 1 bis 2 µm [HEID09].

Der Unsicherheitsbeitrag durch die Formabweichung der Messkugel ist dagegen üblicherweise gering. So besitzen Kugeln der Toleranzklasse „Grade 10" nach [ANSI89], [DIN02] oder [ISO14a] bereits eine Abweichung von weniger als 0,25 µm.

Tabelle 4.3: Typische Unsicherheiten einer Messung [HEID09]

Typical Uncertainty of a Measurement

	Taster TS 740		Taster TS 440
Antastgeschwindigkeit (m/min)	≤ 0,25	≤ 0,5	≤ 1
Wiederholgenauigkeit (µm)	≤ 0,25	≤ 0,6	≤ 1
Durchbiegung eines KKH 100 Messkugelhalters mit 100 mm Länge (µm)	0,2		1
Durchbiegung eines KKH 250 Messkugelhalters mit 250 mm Länge (µm)	0,8		2

Zur Ermittlung der Mittelpunktkoordinaten der Messkugel werden vorkonfigurierte Messzyklen der Maschinensteuerung nach [SIEM17] oder [HEID09] verwendet. Hierbei werden fünf Punkte auf der Kugeloberfläche angetastet (siehe Bild 4.10). Zunächst erfolgen jeweils eine zweiseitige Messung in X und Y am Kugeläquator. Anschließend wird entlang der nun bekannten Mittelachse eine einseitige Messung in Z-Richtung durchgeführt, um die dritte Komponente des Mittelpunktvektors zu bestimmen. Durch diese Vorgehensweise wird sichergestellt, dass die Messung der Z-Komponente tatsächlich am Kugelpol erfolgt. Darüber hinaus kann durch die zweiseitige Messung am Äquator der Einfluss von Umkehrspiel in den Linearachsen minimiert werden.

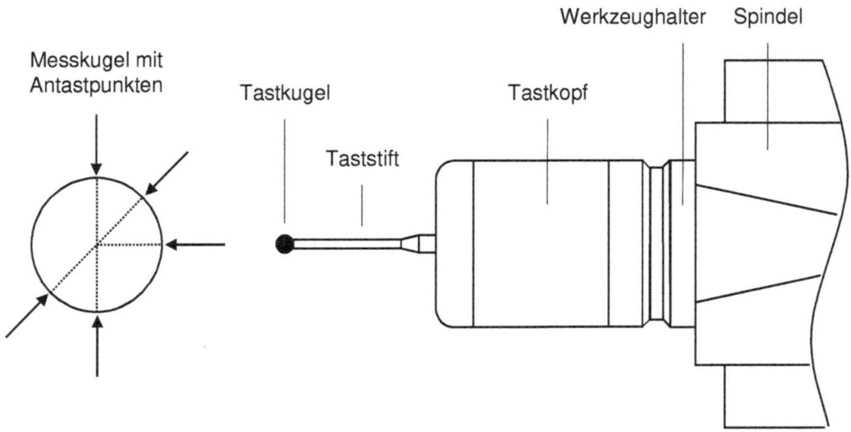

Bild 4.10: Schaltender Messtaster und Messkugel mit Antastpunkten

Touch Trigger Probe and Reference Ball with Probing Points

Eine weitere wichtige Konfigurationsmöglichkeit ist die Spindelorientierung: Eine Fünf-Punkt-Messung kann mit fester Orientierung oder mit „mitgedrehter" Spindel erfolgen. Im zweiten Fall ist die radiale Messung nicht von einer hinterlegten Kalibrierung des Messtasters anhängig. Vielmehr ist sie durch die Umschlagmessung selbstkalibrierend. Richtungsabhängige Ungenauigkeiten des Tastsystems werden automatisch ausgeglichen. Nachteilig hingegen sind der zusätzliche Zeitaufwand, und der Wärmeeintrag, der durch die Positionierbewegung der Spindel entsteht. Bei den Maschinen- und Steuerungsherstellern gibt es keinen allgemeinen Konsens, welche Variante zu bevorzugen ist. Anwendungsfreundlicher, da weniger anfällig für Fehler, ist in jedem Fall die selbstkalibrierende Methode. Dies ist insbesondere dann von Vorteil, wenn das Messkoordinatensystem an der Kugel verdreht werden muss, um Kollisionen zwischen Messtaster und Messkugelhalter zu vermeiden. Sie wird daher im Rahmen dieser Arbeit wenn möglich angewendet.

Für den Messpfad um den Kugeläquator gibt es im Wesentlichen zwei Varianten. Entweder wird der Messtaster nach jeder Messung auf eine sichere Position zurückgezogen oder die Kugel wird zwischen den Messvorgängen auf einer Kreisbahn umfahren. Letztere Variante ist schneller, birgt aber ein höheres Risiko für Kollision zwischen Taster und Kugel-Haltevorrichtung. Das Messergebnis sollte im Normalfall für beide Varianten gleich sein.

5 Modellbildung

Modeling

Für eine Maschinenkalibrierung auf Basis der beschriebenen Messprozesse sind zwei Schritte notwendig. Zunächst muss ein Modell entwickelt werden, das die Auswirkung der Abweichungen auf die Messwerte treffend beschreibt (Kapitel 5.1). Hierzu sind einerseits geeignete Modellfunktionen für die Abweichungen zu definieren sowie andererseits die geometrisch-kinematischen Zusammenhänge in der Maschine treffend zu beschreiben. Im zweiten Schritt ist dann ein Verfahren für die Lösung des Ausgleichsproblems zu definieren, mit dem aus bekannten Messwerten auf unbekannte geometrische Abweichungen geschlossen werden kann (Kapitel 5.2). Hierbei kann in der Regel auf bewährte Methoden zurückgegriffen werden.

Das zu entwickelnde Modell sollte

- die messtechnische Realität ausreichend detailliert abbilden,
- für viele Maschinentypen und Messprozesse geeignet sein,
- sowie mathematisch möglichst einfach sein (lineares Verhalten).

Daher ist es wichtig, im Vorfeld grundlegende Annahmen zu treffen, die ein solches Ergebnis unterstützen. Dies sind im Wesentlichen folgende Sachverhalte:

- Der betrachtete Maschinentyp zeigt im Rahmen der Kalibrierung ein klares Starrkörperverhalten (vergleiche Kapitel 2.1.1). Elastische sowie thermoelastische Verformungen und Umkehrspiel müssen nicht modelliert werden.
- Eine Kleinwinkelnäherung für rotativ wirkende Abweichungen ist im Rahmen der Kalibrierung zulässig. Diese Linearisierung hat einen vernachlässigbaren Einfluss auf das Ergebnis [FLOR16].

Abweichungen von diesen Vereinfachungen können als Störgrößen betrachtet und separat untersucht werden.

5.1 Aufbau des Prozessmodells

Setup of the Process Model

5.1.1 B-Spline Basisfunktionen

B-Spline Basis Functions

Zur Beschreibung der Bewegungsabweichungen sind kontinuierliche Funktionen notwendig, die den tatsächlichen Abweichungsverlauf ausreichend genau und gleichzeitig möglichst effizient, d.h. mit möglichst wenigen unabhängigen Parametern abbilden.

Polynome höheren Grades, die aus nur einem Segment bestehen, sind für diesen Zweck nur bedingt geeignet. Ihre wesentlichen Schwächen nach [PIEG95, S. 47] bei der Abbildung komplexer Formen sind:

- Numerische Instabilität
- Geringe lokale Kontrolle

Aus diesem Grund werden für das Modell stückweise definierte Polynome (B-Splines) verwendet. Mit diesem Ansatz konnten bereits in [ZHU10] gute Ergebnisse erzielt werden. B-Splines bieten eine hohe Flexibilität und lassen sich je nach Anforderung frei konfigurieren. Mit ihnen können Funktionen mit Segmenten aus Stufen (Spline 0. Grades), Geraden (Spline 1. Grades) und Kurven (Spline 2. oder höheren Grades) mit beliebig definierten Stützstellen abgebildet werden (siehe Bild 2.1). Dies ist insbesondere dann von Vorteil, wenn wie im vorliegenden Fall, nicht im Vorfeld sicher ist, mit welcher Variante die besten Ergebnisse erzielt werden können.

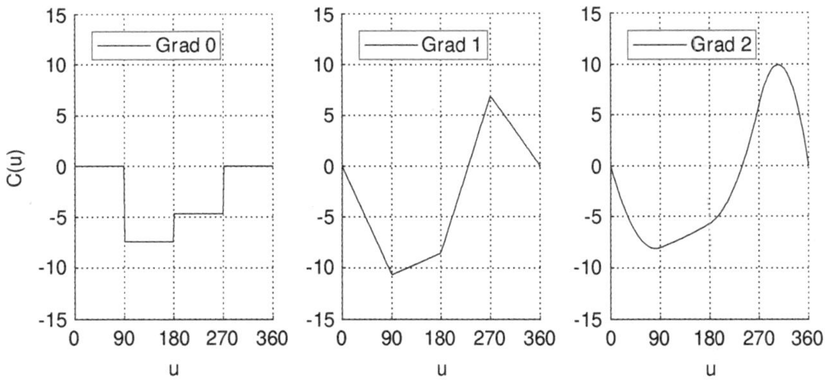

Bild 5.1: Näherung eines Datensatzes mit Hilfe von B-Splines
Approximation of a Data Set with B-Splines

B-Spline-Funktionen nach Gleichung (5.1) werden durch Spline-Grad p, Kontrollpunkte P_i und Basis-Funktionen $N_{i,p}(u)$ beschrieben. Hierbei ist n die Anzahl der Kontrollpunkte. Ein zugehöriger Knotenvektor $U = \{u_0, \ldots, u_m\}$ ist eine Reihe von Knoten u_i. Die Basis-Funktionen $N_{i,p}(u)$ stellen stückweise definierte Polynome vom Grad p dar, die zum Aufbau des Splines mit den Kontrollpunkten multipliziert werden (siehe Bild 5.2). Die Stützstellen der Polynome sind die bereits genannten Knoten u_i.

$$C(u) = \sum_{i=1}^{n} P_i \cdot N_{i,p}(u) \tag{5.1}$$

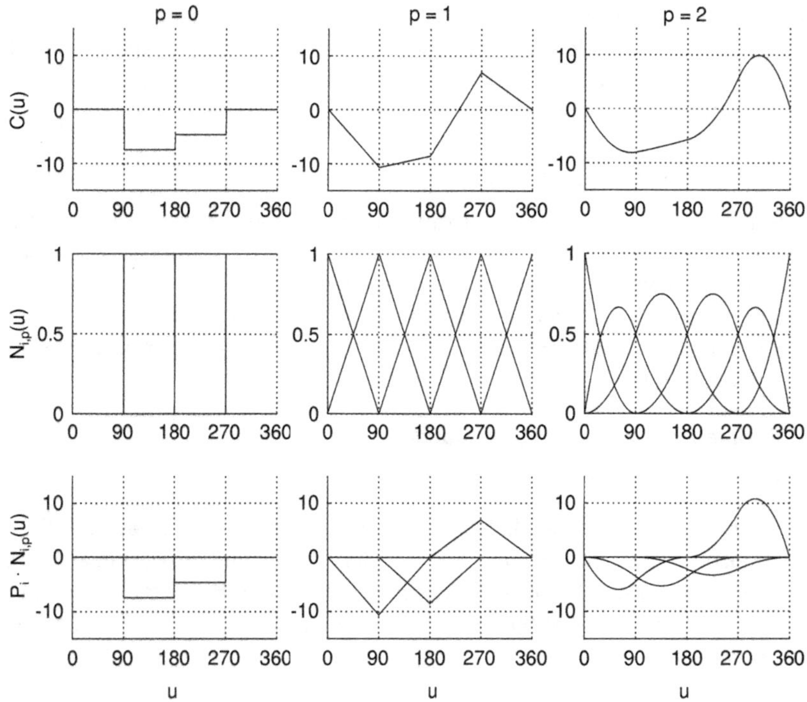

Bild 5.2: Bildung von B-Splines nullten, ersten und zweiten Grades
Creating Zeroth, First and Second Degree B-splines

Die Basis-Funktionen können mittels folgender rekursiver Vorschrift [PIEG95, S. 51] berechnet werden:

$$N_{i,0}(u) = \begin{cases} 1 & wenn\ u_i \leq u \leq u_{i+1} \\ 0 & sonst \end{cases} \tag{5.2}$$

$$N_{i,p}(u) = \frac{u - u_i}{u_{i+p} - u_i} N_{i,p-1}(u) + \frac{u_{i+p+1} - u}{u_{i+p+1} - u_{i+1}} N_{i+1,p-1}(u)$$

Für den Grad 0 ist $N_{i,0}(u)$ also eine Stufenfunktion, die nur in dem Intervall u ∈ [ui, ui+1) eins ist. Für höhere Grade p ist $N_{i,p}(u)$ dagegen ein stückweises Polynom, das sich aus der Linearkombination von zwei Basisfunktionen vom Grad p -1 ergibt.

Aufgrund der rekursiven Rechenschritte werden p+1 gleiche Anfangsknoten und p+1 gleiche Endknoten im Knotenvektor U benötigt. Hieraus ergibt sich, dass die Anzahl der Kontrollpunkte n durch die Anzahl der Knotenpunkte m und den Spline Grade p folgendermaßen definiert wird:

$$n = m - p - 1 \tag{5.3}$$

Die sehr ähnliche Struktur der Gleichung (2.8) und (5.1) legt zu recht nahe, das B-Spline-Basisfunktionen sehr gut als Modellfunktionen für den „Generalized Linear Least Squares“ Ansatz (siehe Kapitel 5.2) genutzt werden können, um einen Datensatz (x_i, y_i) mittels Regression anzunähern. Die Kontrollpunkte P_i stellen in diesem Fall die unbekannten Modellparameter a_j dar, die im Zuge der Ausgleichsrechnung bestimmt werden sollen.

5.1.2 Geometrisch-kinematisches Modell

Geometric Kinematic Model

Das geometrisch-kinematische Modell beschreibt die Abhängigkeit eines messbaren Differenzvektors $\vec{v}$ zwischen einem Werkzeugreferenzpunkt und einem Werkstückreferenzpunkt (siehe Bild 5.3). Dieser Vektor $\vec{v}$ hängt von den Kinematik-Parametern, den programmierten Achspositionen sowie geometrischen Abweichungen der Maschine ab.

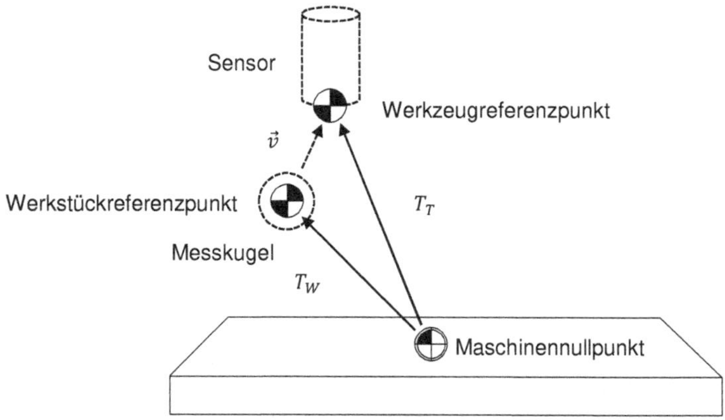

Bild 5.3: Differenzvektor zwischen Werkzeug- und Werkstückreferenzpunkt

Difference Vector Between Tool and Workpiece Reference Point

Im Zuge der Kleinwinkelnäherung wird davon ausgegangen, dass das Messkoordinatensystem parallel zum Maschinenkoordinatensystem ist. In diesem Fall ergibt sich der Vektor $\vec{v}$ zu:

$$\begin{bmatrix} R & \vec{v} \\ 0 & 1 \end{bmatrix} = T_T - T_W \tag{5.4}$$

Hierbei stellt T_T die Transformation vom Maschinenkoordinatensystem zum Werkzeugreferenzpunkt und T_W die Transformation vom Maschinenkoordinatensystem zum Werkstückreferenzpunkt dar. R ist eine Rotationsmatrix, die die Differenzorientierung zwischen Werkzeug- und Werkstückkoordinatensystem beschreibt. Sie wird nicht weiter ausgewertet, da sie in den untersuchten Messprozessen keinen Einfluss auf die Messwerte des Sensors hat.

Die beiden Transformationen T_T und T_W bestehen jeweils aus einer Kette von alternierenden Nominaltransformationen T_N und Abweichungstransformationen T_E:

$$ {}_{0}^{n}T = \prod_{i=1}^{n} {}_{i-1}^{\;\;i}T_N \cdot {}_{i-1}^{\;\;i}T_E \tag{5.5}$$

Diese Darstellung gilt auch, wenn mehrere gleichartige Transformationen aufeinanderfolgen, da diese jeweils zu einer gemeinsamen Transformation zusammengefasst werden können. Dieser Fall liegt zum Beispiel bei der Modellierung von Rotationsachsen nach Gleichung (2.6) vor.

Mit Hinblick auf die Lösung des Ausgleichsproblems ist es von Vorteil, wenn das Gesamtmodell direkt als Linearkombination formuliert wird. Für diesen Zweck bietet sich der Ansatz nach [EMAN87] an. Hierzu wird die Abweichungstransformation ${}_{i-1}^{\;\;i}T_E$ in die Einheitsmatrix I sowie den Differenzteil ${}_{i-1}^{\;\;i}\delta T_E$ zerlegt:

$$ {}_{i-1}^{\;\;i}T_E = I + {}_{i-1}^{\;\;i}\delta T_E = \begin{bmatrix} 1 & 0 & 0 & 0 \\ 0 & 1 & 0 & 0 \\ 0 & 0 & 1 & 0 \\ 0 & 0 & 0 & 1 \end{bmatrix} + \begin{bmatrix} 0 & -e_\gamma & e_\beta & e_x \\ e_\gamma & 0 & -e_\alpha & e_y \\ -e_\beta & e_\alpha & 0 & e_z \\ 0 & 0 & 0 & 0 \end{bmatrix} \tag{5.6}$$

Eine verkette Transformation kann somit folgendermaßen beschrieben werden:

$$ {}_{0}^{n}T = \prod_{i=1}^{n} {}_{i-1}^{\;\;i}T_N \left(I + {}_{i-1}^{\;\;i}\delta T_E\right) \tag{5.7}$$

Multipliziert man die Reihe aus so erhält man:

$$ \begin{aligned} {}_{0}^{n}T = {} & \prod_{i=1}^{n} {}_{i-1}^{\;\;i}T_N + \sum_{i}^{n} {}_{0}^{1}T_N \cdot \ldots \cdot {}_{i-1}^{\;\;i}T_N \cdot {}_{i-1}^{\;\;i}\delta T_E \cdot {}_{\;\;i}^{i+1}T_N \cdot \ldots \cdot {}_{n-1}^{\;\;n}T_N \\ & + \sum_{i=1}^{n-1} \sum_{j=i+1}^{n} {}_{0}^{1}T_N \cdot \ldots \cdot {}_{i-1}^{\;\;i}T_N \cdot {}_{i-1}^{\;\;i}\delta T_E \cdot {}_{\;\;i}^{i+1}T_N \cdot \ldots \cdot {}_{j-1}^{\;\;j}T_N \cdot {}_{i-1}^{\;\;i}\delta T_E \cdot {}_{\;\;j}^{j+1}T_N \cdot \ldots \cdot {}_{n-1}^{\;\;n}T_N \\ & + \ldots \\ & + {}_{0}^{1}T_N \cdot {}_{0}^{1}\delta T_E \cdot \ldots \cdot {}_{n-1}^{\;\;n}T_N \cdot {}_{n-1}^{\;\;n}\delta T_E \end{aligned} \tag{5.8}$$

Werden nun die Terme höher Ordnung vernachlässigt, so ergibt die erste Zeile aus Gleichung (5.8) den zentralen Ansatz für eine linearisierte Transformationskette:

$$ {}_{0}^{n}T = \prod_{i=1}^{n} {}_{i-1}^{\;\;i}T_N + \sum_{i=1}^{n} {}_{0}^{1}T_N \cdot \ldots \cdot {}_{i-1}^{\;\;i}T_N \cdot {}_{i-1}^{\;\;i}\delta T_E \cdot {}^{i+1}_{\;\;i}T_N \cdot \ldots \cdot {}_{n-1}^{\;\;n}T_N \tag{5.9} $$

Diese Näherung bedeutet, dass alle Terme mit Produkten von Abweichungen nicht berücksichtigt werden. Dass ein solches Abweichungsmodell erster Ordnung für Werkzeugmaschinen ausreichend ist, wurde bereits in [FLOR16] gezeigt.

Um das geometrisch-kinematische Modell nun zusammen mit den B-Spline-Basisfunktionen als Linearkombination darzustellen, muss eine weitere Zerlegung vorgenommen werden. Die Abweichungstransformation wird nun zunächst selbst als Linearkombination von normierten Abweichungstransformationen und skalaren Faktoren dargestellt:

$$ \delta\, {}_{i-1}^{\;\;i}T_E = \delta T(e_x) \cdot e_x + \delta T(e_y) \cdot e_y + \cdots + \delta T(e_\gamma) \cdot e_\gamma \tag{5.10} $$

Hierbei sind die die normierten Abweichungstransformationen gegeben durch:

$$ \delta T(e_x) = \begin{bmatrix} 0 & 0 & 0 & 1 \\ 0 & 0 & 0 & 0 \\ 0 & 0 & 0 & 0 \\ 0 & 0 & 0 & 0 \end{bmatrix} \delta T(e_y) = \begin{bmatrix} 0 & 0 & 0 & 0 \\ 0 & 0 & 0 & 1 \\ 0 & 0 & 0 & 0 \\ 0 & 0 & 0 & 0 \end{bmatrix} \delta T(e_z) = \begin{bmatrix} 0 & 0 & 0 & 0 \\ 0 & 0 & 0 & 0 \\ 0 & 0 & 0 & 1 \\ 0 & 0 & 0 & 0 \end{bmatrix} \tag{5.11} $$

$$ \delta T(e_\alpha) = \begin{bmatrix} 0 & 0 & 0 & 0 \\ 0 & 0 & -1 & 0 \\ 0 & 1 & 0 & 0 \\ 0 & 0 & 0 & 0 \end{bmatrix} \delta T(e_\beta) = \begin{bmatrix} 0 & 0 & 1 & 0 \\ 0 & 0 & 0 & 0 \\ -1 & 0 & 0 & 0 \\ 0 & 0 & 0 & 0 \end{bmatrix} \delta T(e_\gamma) = \begin{bmatrix} 0 & -1 & 0 & 0 \\ 1 & 0 & 0 & 0 \\ 0 & 0 & 0 & 0 \\ 0 & 0 & 0 & 0 \end{bmatrix} $$

Somit kann Gleichung (5.9) umgeschrieben werden zu:

$$ {}_{0}^{n}T = \prod_{i=1}^{n} {}_{i-1}^{\;\;i}T_N + \sum_{i=1}^{n}\sum_{j=1}^{m} {}_{0}^{1}T_N \cdot \ldots \cdot {}_{i-1}^{\;\;i}T_N \cdot \delta T(e_j) \cdot {}^{i+1}_{\;\;i}T_N \cdot \ldots \cdot {}_{n-1}^{\;\;n}T_N \cdot e_j \tag{5.12} $$

Hierbei ist n die gesamte Anzahl der Nominaltransformationen ${}_{i-1}^{\;\;i}T_N$ und m die gesamte Anzahl der geometrischen Abweichungen e_j bzw. der zugehörigen normierten Abweichungstransformationen $\delta T(e_j)$ in der Transformationskette.

Der Term ${}_{0}^{1}T_N \cdot \ldots \cdot {}_{i-1}^{\;\;i}T_N \cdot \delta T(e_j) \cdot {}^{i+1}_{\;\;i}T_N \cdot \ldots \cdot {}_{n-1}^{\;\;n}T_N$ aus Gleichung (5.12) wird im Folgenden als Sensitivität S_j bezeichnet. Diese Transformationsmatrix beschreibt den Einfluss einer Abweichung e_j auf das geometrische-kinematisch Modell und stellt somit die Ableitung des Modells nach der Abweichung e_j dar. Berücksichtigt man das Vorzeichen der Transformationskette aus Gleichung (5.4) in der Sensitivität, so kann das geometrisch-kinematische Modell in linearisierter Form auch über Gleichung (5.13) ausgedrückt werden.

$$\begin{bmatrix} R & V \\ 0 & 1 \end{bmatrix} = T_{T,N} - T_{W,N} + \sum_{j=1}^{m} S_j \cdot e_j \tag{5.13}$$

$T_{T,N}$ und $T_{W,N}$ stellen hierbei die nominalen Transformationsketten für die Werkstück- und die Werkzeugseite dar.

Nun kann die Abweichung e_j durch eine Linearkombination aus geeigneten B-Spline-Basis-Funktionen $N_{k,p}(u)$ und Kontrollpunkten P_k substituiert werden. S_k stellt in diesem Fall die jeweils zugehörige Sensitivität S_j dar. Hiermit ergibt sich das Gesamtmodell zu:

$$\begin{bmatrix} R & \vec{v} \\ 0 & 1 \end{bmatrix} = T_{T,N} - T_{W,N} + \sum_{k=1}^{l} S_k \cdot N_{k,p}(u) \cdot P_k \tag{5.14}$$

mit $S_k \in S_j$

Dieses Modell ist nun unmittelbar für eine lineare Ausgleichsrechnung nach [PRES92] geeignet. Werden die Modellparameter entsprechend gewählt, können mit ihm unterschiedlichste Kalibrierproblemen an Werkzeugmaschinen gelöst werden.

5.1.3 Grundlegende Parametrierung

Basic parametrization

Um verschiedene Kalibrier-Fragestellungen flexibel untersuchen zu können, ist es sinnvoll, das geometrisch-kinematische Modell nicht fest vorzugeben, sondern vielmehr parametrierbar aufzubauen. Prinzipiell sind drei Parameterkategorien zu spezifizieren: Nominal- und Abweichungstransformationen sowie B-Splines.

Es ist jedoch deutlich anschaulicher, auf eine direkte Parametrierung der Transformationen zu verzichten und das Modell stattdessen analog zu den Maschinenkomponenten zu spezifizieren. Hierfür sind lediglich zwei Datenstrukturen (Tabelle 5.1 und Tabelle 5.2) notwendig:

Tabelle 5.1: Datenstruktur für die Maschinekomponenten

Data Structure for Machine Components

Kategorie	Parameter
Logischer Ort	Zugehörige Transformationskette
	Nummer in der Abfolge der Kette
Lage & Orientierung	Statische Nominaltransformation
Position / Bewegung	Variable Nominaltransformation

Tabelle 5.2: Datenstruktur für die geometrischen Abweichungen

Data Structure for Geometric Errors

Kategorie	Parameter
Wirkungsort	Zugehörige Nominaltransformation
Wirkungsweise	Normierte Abweichungstransformation
B-Spline	Knotenvektor
	Kontrollpunkte
	Spline-Grad

Mit Hilfe dieser Datenstruktur kann ein Modell mit beliebigen abweichungsbehafteten Maschinenkomponenten nach Gleichung (5.14) eindeutig spezifiziert werden. Für ein Bearbeitungszentrum mit CAYXZ-Achskonfiguration (siehe Bild 2.5), das mittels der in Kapitel 4 dargestellten Messprozesse kalibriert werden soll, ergeben sich die Transformationsmatrizen beispielsweise zu:

Transformationskette Werkzeug, Komponente Nr. 1 (Y-Achse)

$$
{}_{0}^{Y}T = \begin{bmatrix} 1 & 0 & 0 & 0 \\ 0 & 1 & 0 & 0 \\ 0 & 0 & 1 & 0 \\ 0 & 0 & 0 & 1 \end{bmatrix} \cdot \begin{bmatrix} 1 & 0 & 0 & 0 \\ 0 & 1 & 0 & 0 \\ 0 & 0 & 1 & 0 \\ 0 & 0 & 0 & 1 \end{bmatrix} \cdot \begin{bmatrix} 1 & 0 & 0 & 0 \\ 0 & 1 & 0 & \bar{y} \\ 0 & 0 & 1 & 0 \\ 0 & 0 & 0 & 1 \end{bmatrix} \cdot \begin{bmatrix} 1 & -E_{CY} & E_{BY} & E_{XY} \\ E_{CY} & 1 & -E_{AY} & E_{YY} \\ -E_{BY} & E_{AY} & 1 & E_{ZY} \\ 0 & 0 & 0 & 1 \end{bmatrix} \tag{5.15}
$$

Transformationskette Werkzeug, Komponente Nr. 2 (X-Achse)

$$
{}_{Y}^{X}T = \begin{bmatrix} 1 & 0 & 0 & 0 \\ 0 & 1 & 0 & 0 \\ 0 & 0 & 1 & 0 \\ 0 & 0 & 0 & 1 \end{bmatrix} \cdot \begin{bmatrix} 1 & -E_{C0X} & 0 & 0 \\ E_{C0X} & 1 & 0 & 0 \\ 0 & 0 & 1 & 0 \\ 0 & 0 & 0 & 1 \end{bmatrix} \cdot \begin{bmatrix} 1 & 0 & 0 & \bar{x} \\ 0 & 1 & 0 & 0 \\ 0 & 0 & 1 & 0 \\ 0 & 0 & 0 & 1 \end{bmatrix} \cdot \begin{bmatrix} 1 & 0 & E_{BX} & E_{XX} \\ 0 & 1 & -E_{AX} & E_{YX} \\ -E_{BX} & E_{AX} & 1 & E_{ZX} \\ 0 & 0 & 0 & 1 \end{bmatrix} \tag{5.16}
$$

Transformationskette Werkzeug, Komponente Nr. 3 (Z-Achse)

$$ {}^{Z}_{X}T = \begin{bmatrix} 1 & 0 & 0 & 0 \\ 0 & 1 & 0 & 0 \\ 0 & 0 & 1 & 0 \\ 0 & 0 & 0 & 1 \end{bmatrix} \cdot \begin{bmatrix} 1 & 0 & E_{B0Z} & 0 \\ 0 & 1 & -E_{A0Z} & 0 \\ -E_{B0Z} & E_{A0Z} & 1 & 0 \\ 0 & 0 & 0 & 1 \end{bmatrix} \cdot \begin{bmatrix} 1 & 0 & 0 & 0 \\ 0 & 1 & 0 & 0 \\ 0 & 0 & 1 & \bar{z} \\ 0 & 0 & 0 & 1 \end{bmatrix} \cdot \begin{bmatrix} 1 & 0 & 0 & E_{XZ} \\ 0 & 1 & 0 & E_{YZ} \\ 0 & 0 & 1 & E_{ZZ} \\ 0 & 0 & 0 & 1 \end{bmatrix} \tag{5.17} $$

Transformationskette Werkzeug, Komponente Nr. 4 (Spindel)

$$ {}^{S}_{Z}T = \begin{bmatrix} 1 & 0 & 0 & 0 \\ 0 & 1 & 0 & 0 \\ 0 & 0 & 1 & 0 \\ 0 & 0 & 0 & 1 \end{bmatrix} \tag{5.18} $$

Transformationskette Werkzeug, Komponente Nr. 5 (Werkzeug / Sensor)

$$ {}^{T}_{S}T = \begin{bmatrix} 1 & 0 & 0 & t_x \\ 0 & 1 & 0 & t_y \\ 0 & 0 & 1 & t_z \\ 0 & 0 & 0 & 1 \end{bmatrix} \tag{5.19} $$

Transformationskette Werkstück, Komponente Nr. 1 (A-Achse)

$$ {}^{A}_{0}T = \begin{bmatrix} 1 & 0 & 0 & N_{X0A} \\ 0 & 1 & 0 & N_{Y0A} \\ 0 & 0 & 1 & N_{Z0A} \\ 0 & 0 & 0 & 1 \end{bmatrix} \cdot \begin{bmatrix} 1 & -E_{C0A} & E_{B0A} & 0 \\ E_{C0A} & 1 & 0 & E_{Y0A} \\ -E_{B0A} & 0 & 1 & E_{Z0A} \\ 0 & 0 & 0 & 1 \end{bmatrix} \cdot \begin{bmatrix} 1 & -E_{CA} & E_{BA} & E_{XA} \\ E_{CA} & 1 & -E_{AA} & E_{YA} \\ -E_{BA} & E_{AA} & 1 & E_{ZA} \\ 0 & 0 & 0 & 1 \end{bmatrix} \cdot \begin{bmatrix} 1 & 0 & 0 & 0 \\ 0 & \cos(N_{AA}) & -\sin(N_{AA}) & 0 \\ 0 & \sin(N_{AA}) & \cos(N_{AA}) & 0 \\ 0 & 0 & 0 & 1 \end{bmatrix} \tag{5.20} $$

Transformationskette Werkstück, Komponente Nr. 2 (C-Achse)

$$ {}^{C}_{A}T = \begin{bmatrix} 1 & 0 & 0 & N_{X0C} \\ 0 & 1 & 0 & N_{Y0C} \\ 0 & 0 & 1 & N_{Z0C} \\ 0 & 0 & 0 & 1 \end{bmatrix} \cdot \begin{bmatrix} 1 & 0 & E_{B0C} & E_{X0C} \\ 0 & 1 & -E_{A0C} & E_{Y0C} \\ -E_{B0C} & E_{A0C} & 1 & 0 \\ 0 & 0 & 0 & 1 \end{bmatrix} \cdot \begin{bmatrix} 1 & -E_{CC} & E_{BC} & E_{XC} \\ E_{CC} & 1 & -E_{AC} & E_{YC} \\ -E_{BC} & E_{AC} & 1 & E_{ZC} \\ 0 & 0 & 0 & 1 \end{bmatrix} \cdot \begin{bmatrix} \cos(N_{CC}) & -\sin(N_{CC}) & 0 & 0 \\ \sin(N_{CC}) & \cos(N_{CC}) & 0 & 0 \\ 0 & 0 & 1 & 0 \\ 0 & 0 & 0 & 1 \end{bmatrix} \tag{5.21} $$

Transformationskette Werkstück, Komponente Nr. 3 (Werkstück / Kugel)

$$ {}^{W}_{C}T = \begin{bmatrix} 1 & 0 & 0 & w_x + E_{XW} \\ 0 & 1 & 0 & w_y + E_{YW} \\ 0 & 0 & 1 & w_z + E_{ZW} \\ 0 & 0 & 0 & 1 \end{bmatrix} \tag{5.22} $$

Hierbei werden die Nominalparameter kleinen Buchstaben und die Abweichungsparameter mit E bezeichnet. Die Indices geben Wirkungsrichtung und Wirkungsort der Parameter eindeutig vor (vergleiche Kapitel 2.1.2). Zu jeder Maschinenkomponente gehören je zwei Nominal- und zwei Abweichungstransformationen. Sie werden für Komponenten, die keine nominale Rotation enthalten (Linearachsen, Werkstück) nach Gleichung (2.5) und für Komponenten mit nominaler Rotation (Drehachsen, Werkzeug) nach Gleichung (2.6) verknüpft.

Die Werkzeugseite der betrachteten Maschine wird durch drei Linearachsen in der Reihenfolge Y, X und Z gebildet (vergleiche Bild 2.10). Hierbei trägt die Z-Achse Spindel und Werkzeug. Obwohl die Linearachsen zum Teil aus mehreren getrennten Teilen bestehen (Gantry-Verbund), kann ihre räumliche Wirkung auf den Werkzeug-Referenzpunkt problemlos mit Hilfe der Standard-Transformationen beschrieben werden. Wird das Modell in Deckung mit dem Maschinenkoordinatensystem gebracht, so sind als nominale Parameter lediglich die Achspositionen $\bar{x}$, $\bar{y}$ und $\bar{z}$ sowie die Komponenten des Werkzeugvektors $\vec{t}$ erforderlich. Der Abweichungsteil beinhaltet nicht alle theoretisch möglichen Komponenten. Diese Reduktion hat zwei Gründe: Zum einen können alle Lage- und Orientierungsabweichungen der Linearachsen außer drei Rechtwinkligkeiten ohne Einschränkung des Modells zu Null gesetzt werden (siehe Kapitel 2.1.2). Zum anderen lässt sich mit dem betrachteten Messprozess der Einfluss von E_{AZ} E_{BZ} und E_{CZ} sowie E_{CX} wegen des konstanten Werkzeugvektors $\vec{t}$ nicht eindeutig ermitteln. Gleiches gilt für die Abweichungen von Spindel und Werkzeug bzw. Sensor. Sie müssen durch separate Prozesse kalibriert werden.

Die Werkstückseite beinhaltet die Transformationen für die zwei Rotationsachsen A und C (vergleiche Bild 2.10). Auch hier gilt, dass die parallele Bewegung mehrerer Achsteile mit Hilfe einer Transformation ausgedrückt werden kann. Zu jeder Rotationsachse gehören neben der programmierten Achspositionen α und γ noch die nominale Lage der Achsen N_{X0A}, N_{Y0A}, N_{Z0A} sowie N_{X0C}, N_{Y0C}, N_{Z0C}. Üblicherweise sind die Rotationsachsen, genauso wie die Linearachsen, nominal kartesisch ausgerichtet, sodass der entsprechende Rotationsteil der Transformationsmatrizen trivial ist. Für jede Rotationsachse sind analog Kapitel 2.1.2 vier Lage- und Orientierungsabweichungen und sechs Bewegungsabweichungen relevant.

Neben den geometrischen Abweichungen der Maschinenachsen muss auch berücksichtigt werden, dass der Werkstück-Referenzpunkt von seiner nominalen Position relativ zur C-Achse abweichen kann. Daher wird der Werkstückvektor $\vec{w}$ um die drei Abweichungskomponenten E_{XW}, E_{YW} und E_{ZW} ergänzt.

Alle Abweichungen E werden durch die Parameter nach Tabelle 5.2 definiert. Im Rahmen dieser Arbeit werden Lage- und Orientierungsabweichungen als B-Splines 0. Grades mit einem Kontrollpunkt modelliert. Sie sind somit unabhängig von der Bewegung der entsprechenden Achse. Die Bewegungsabweichungen werden hingegen als B-Splines höheren Grades modelliert.

5.1.4 Validierung des Modells

Validation of the Model

Die Validierung des Abweichungsmodells stellt den ersten Schritt zur Validierung des gesamten Kalibrierverfahrens dar. Hier wird überprüft, ob das entwickelte Modell den Messprozess sowie die geometrischen Abweichungen korrekt abbildet. Zu diesem Zweck werden an einer Versuchsmaschine folgende Untersuchungen durchgeführt:

- Zunächst werden mit Hilfe von Kompensationstabellen verschiedene bekannte Abweichungszustände sowie ein Referenzzustand künstlich erzeugt. Die Zustände beinhalten Werte bzw. Verläufe für alle potentiell möglichen geometrischen Abweichungen des Modells.
- Anschließend wird für jeden Abweichungszustand ein definierter Messprozess durchgeführt. Der Messprozess beinhaltet 18 Messpunkte für verschiedene Stellungen der Dreh- und Schwenkachse. Von den Messwerten für jeden Zustand werden immer die Messwerte des Referenz-Zustandes abgezogen. Dies ist aufgrund der Superpositionierbarkeit der geometrischen Abweichungen möglich.
- Für die Validierung werden nun die Messwerte an der Maschine mit Hilfe des Abweichungsmodelles simuliert. Die Differenz von Simulation und Messung sollte vernachlässigbar klein sein.

Bild 5.4 zeigt exemplarische Ergebnisse eines solchen Versuches. Es ist deutlich zu erkennen, dass die Differenz um mehrere Größenordnungen kleiner ist als der Wert der Messung bzw. Simulation. Dieses Verhalten zeigt sich für alle getesteten Abweichungszustände. Eine Differenz von Null kann aufgrund der Unsicherheit des Prozesses (Messmittel- und Maschine) nicht erreicht werden. Eine erfolgreiche Validierung, also ein einwandfreies Abweichungsmodell ist hiermit dennoch sichergestellt.

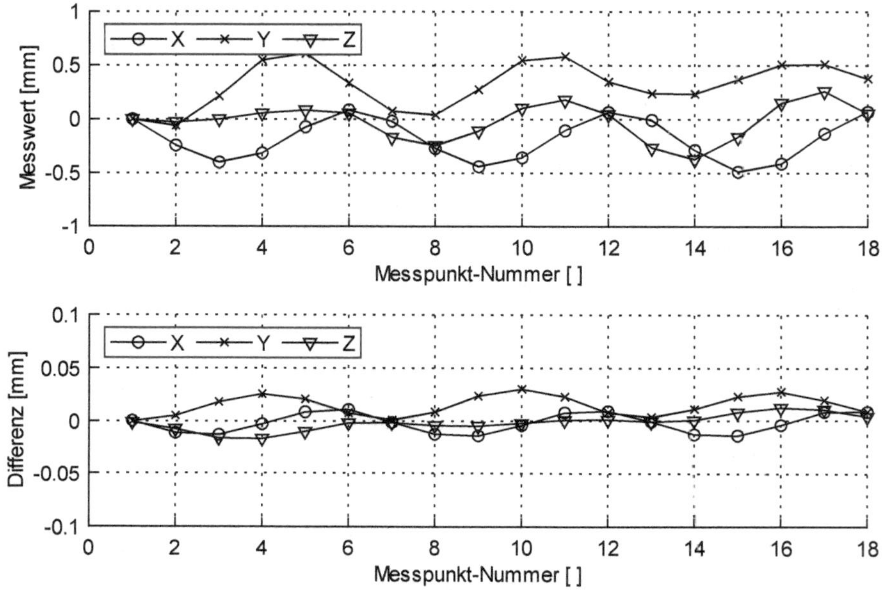

Bild 5.4: Ergebnisse einer Validierungsmessung
Results of a Validation Measurement

5.2 Lösung des Ausgleichsproblems

Solving the Regression Problem

5.2.1 Entwicklung der Gütefunktion

Design of The Merit Function

Zur Lösung des Kalibrierproblems, d.h. zur Bestimmung geeigneter Modellparameter für einen gegebenen Satz Messdaten, muss zunächst eine Gütefunktion χ^2 nach Gleichung (2.9) definiert werden. Ausgangpunkt hierfür ist die Modellgleichung (5.14). Sie kann umgestellt werden zu:

$$\begin{bmatrix} R & \vec{v} \\ 0 & 1 \end{bmatrix} - T_{T,N} + T_{W,N} = \sum_{k=1}^{l} S_k \cdot N_{k,p}(u) \cdot P_k \tag{5.23}$$

Da im betrachteten Kalibrierproblem nur der Differenzvektor $\vec{v}$ gemessen wird, sollte auch nur dieser Teil der Modellgleichung weiter berücksichtigt werden. Hierfür isoliert man aus den 4 x 4 Transformationsmatrizen $T_{T,N}$, $T_{W,N}$ und S_k in Gleichung (5.23) den translatorischen Anteil und erhält Gleichung (5.24).

$$\begin{bmatrix} v_x \\ v_y \\ v_z \end{bmatrix} - \begin{bmatrix} \tau_x \\ \tau_y \\ \tau_z \end{bmatrix} + \begin{bmatrix} \omega_x \\ \omega_y \\ \omega_z \end{bmatrix} = \sum_{k=1}^{l} \begin{bmatrix} s_{x,k} \\ s_{y,k} \\ s_{z,k} \end{bmatrix} \cdot N_{k,p}(u) \cdot P_k \tag{5.24}$$

Hierbei stellen v_x, v_y, v_z die Komponenten des gemessenen Vektors zwischen Werkzeug und Werkstückreferenzpunkt dar. τ_x, τ_y, τ_z und ω_x, ω_y, ω_z sind die Vektorkomponenten des Nominalmodells für die Werkzeug- bzw. die Werkstückseite. Die Differenz aus Messvektor und Nominalmodell entspricht nach Gleichung (5.24) folglich der Linearkombination aus den Sensitivitätskomponenten $s_{x,k}$, $s_{y,k}$, $s_{z,k}$ den B-Spline-Basisfunktionen $N_{k,p}(u)$ und den Kontrollpunkten P_k, welche die gesuchten Modellparameter sind.

Für die Gütefunktion muss zunächst der Beobachtungsvektor $\vec{b}$ für die Datenpunkte $x_1 \dots x_m$ definiert werden. Jeder Datenpunkt repräsentiert hierbei eine unabhängige Messkonfiguration und beinhaltet z.B. die Stellungen der Maschinenachsen als abhängige Variablen.

Da die Messunsicherheit für jeden Datenpunkt identisch ist, kann der Gewichtungsfaktor σ_i aus Gleichung (2.12) gleich 1 gesetzt werden. Auf Basis von Gleichung (5.24) ergibt sich der Beobachtungsvektor somit zu:

$$\vec{b} = \begin{bmatrix} v_x(x_1) \\ v_y(x_1) \\ v_z(x_1) \\ \vdots \\ \vdots \\ \vdots \\ v_x(x_m) \\ v_y(x_m) \\ v_z(x_m) \end{bmatrix} - \begin{bmatrix} \tau_x(x_1) \\ \tau_y(x_1) \\ \tau_z(x_1) \\ \vdots \\ \vdots \\ \vdots \\ \tau_x(x_m) \\ \tau_y(x_m) \\ \tau_z(x_m) \end{bmatrix} + \begin{bmatrix} \omega_x(x_1) \\ \omega_y(x_1) \\ \omega_z(x_1) \\ \vdots \\ \vdots \\ \vdots \\ \omega_x(x_m) \\ \omega_y(x_m) \\ \omega_z(x_m) \end{bmatrix} \tag{5.25}$$

Die zweite Hauptkomponente der Gütefunktion χ^2 ist die Designmatrix D nach Gleichung (2.11). Sie ergibt sich auf Basis von Gleichung (5.24) und einem Gewichtungsfaktor $\sigma_i = 1$ zu:

$$D = \begin{bmatrix} s_{x,1}(x_1) \cdot N_{1,p}(x_1) & & s_{x,n}(x_1) \cdot N_{n,p}(x_1) \\ s_{y,1}(x_1) \cdot N_{1,p}(x_1) & \cdots & s_{y,n}(x_1) \cdot N_{n,p}(x_1) \\ s_{z,1}(x_1) \cdot N_{1,p}(x_1) & & s_{z,n}(x_1) \cdot N_{n,p}(x_1) \\ \vdots & & \vdots \\ \vdots & \ddots & \vdots \\ \vdots & & \vdots \\ s_{x,1}(x_m) \cdot N_{1,p}(x_m) & & s_{x,n}(x_m) \cdot N_{n,p}(x_m) \\ s_{y,1}(x_m) \cdot N_{1,p}(x_m) & \cdots & s_{y,n}(x_m) \cdot N_{n,p}(x_m) \\ s_{z,1}(x_m) \cdot N_{1,p}(x_m) & & s_{z,n}(x_m) \cdot N_{n,p}(x_m) \end{bmatrix} \tag{5.26}$$

Analog zum Beobachtungsvektor sind je drei Zeilen der Matrix einem Datenpunkt zugeordnet. Jede Spalte dagegen gehört zu einem Modellparameter bzw. einer B-Spline-Basisfunktion und einer zugehörigen Sensitivität. Sowohl B-Spline-Basisfunktion als auch Sensitivität sind dabei abhängig von den Datenpunkten $x_1 \dots x_m$ und müssen entsprechend ausgewertet werden.

5.2.2 Definieren der Randbedingungen

Defining boundary conditions

Um das Kalibrierproblem eindeutig lösen zu können, ist es notwendig, gewisse Randbedingungen in die Gütefunktion bzw. in das entsprechende Ausgleichsproblem zu integrieren. Ein gutes Beispiel hierfür ist eine Geradheitsabweichung nach der Endpunktdefinition [ISO12]. Sie besitzt am Anfang und am Ende ihres Definitionsbereiches vorgegebene Nullstellen. Betrachten wir nun die Basisfunktionen eines B-Splines auf dem vorgegebenen Definitionsbereich. Es lässt sich leicht erkennen, dass Nullstellen am Rand des Definitionsbereiches erzeugt werden können, indem der erste und letzte Kontrollpunkt gleich Null gesetzt werden (siehe Bild 5.5). Das Produkt aus Kontrollpunkt und Basisfunktion ergibt somit konstant Null.

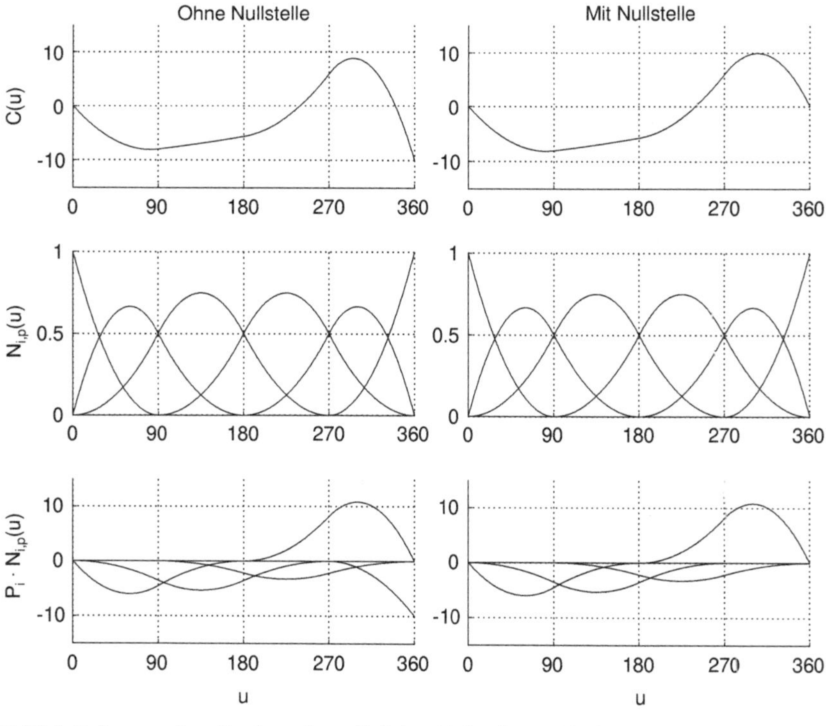

Bild 5.5: Spline zweiten Grades mit zusätzlicher Nullstelle am Ende

Second Degree Spline with Additional Zero Point at End

Dieser Ansatz lässt sich numerisch sehr effizient integrieren. Die entsprechenden Modellparameter (Spalten in der Designmatrix) werden hierzu vollständig aus der Gütefunktion entfernt. Die Zahl der zu identifizierenden Modellparameter wird somit kleiner. Die Anzahl der Reihen der Designmatrix und die Länge des Beobachtungsvektors ändern sich hierbei nicht.

Auf gleichem Wege können auch für Nullstellen innerhalb des Definitionsbereiches realisiert werden. Jedoch nur unter bestimmten Bedingungen:

- Für Splines 0. Grades ist die Lösung trivial: Liegt die gewünschte Nullstelle im Bereich einer Basisfunktion, so genügt es den entsprechenden Kontrollparameter gleich Null zu setzen (siehe Bild 5.6)
- Für Splines 1. Grades kann eine Nullstelle an einem Knotenpunkt erzeugt werden, indem ein Kontrollparameter gleich Null gesetzt wird. Dies ist möglich, da an einem Knotenpunkt immer nur eine Basisfunktion ungleich Null ist (siehe Bild 5.7).

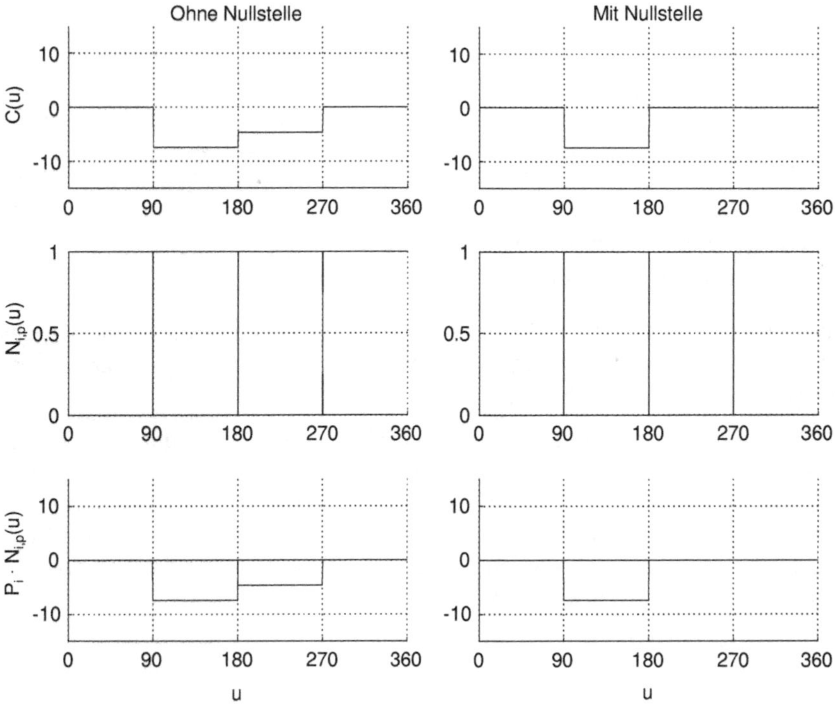

Bild 5.6: Spline nullten Grades mit innerer Nullstelle bei x = 180

Zeroth Degree Spline with Inner Zero Point at x = 180

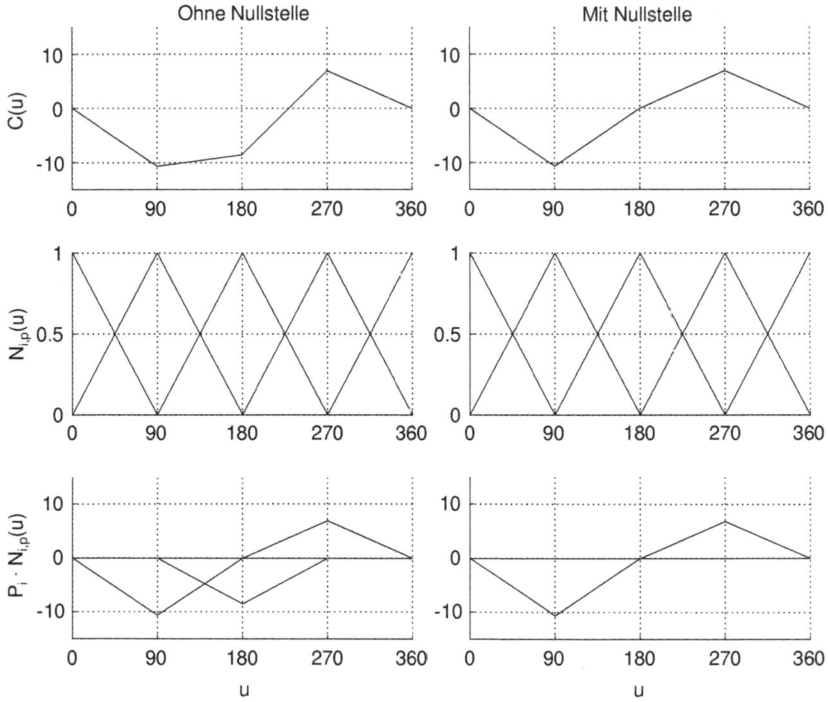

Bild 5.7: Spline ersten Grades mit innerer Nullstelle bei x = 180

First Degree Spline with Inner Zero Point at x = 180

Für Splines höheren Grades ist diese einfache und zugleich numerisch optimale Vorgehensweise leider nicht möglich. Für diesen Fall kann jedoch auf eine allgemein gültige Lösung zurückgegriffen werden:

Der Wert aller Basisfunktionen an der gewünschten Nullstelle wird ermittelt und in die entsprechenden Spalten einer zusätzlichen Zeile in der Designmatrix eingetragen. Alle anderen Elemente in der zugefügten Zeile werden genauso wie ein zusätzliches Element am Ende des Beobachtungsvektors zu Null gesetzt. Üblicherweise ist die zusätzlich hinzugefügte Zeile abschließend noch so mit dem Faktor σ_i zu gewichten, dass die Kondition des Ausgleichsproblems minimal wird.

5.2.3 Beurteilung des Ausgleichsproblems

Solving the Regression Problem

Das Kalibrierproblem (5.24) ist ein lineares Gleichungssystem folgender Form:

$$\begin{aligned} r_1 &= d_{11} \cdot a_1 + d_{12} \cdot a_2 + \cdots + d_{1n} \cdot a_n - b_1 \\ r_2 &= d_{21} \cdot a_1 + d_{22} \cdot a_2 + \cdots + d_{2n} \cdot a_n - b_2 \\ &\vdots \\ r_m &= d_{m1} \cdot a_1 + d_{m2} \cdot a_2 + \cdots + d_{mn} \cdot a_n - b_m \end{aligned} \tag{5.27}$$

Hierbei stellen die Parameter d_{ij} die Elemente der Matrix D dar. Die gesuchten Modellparameter werden durch a_j dargestellt. Die Elemente des Beobachtungsvektors heißen bekanntermaßen b_i. Die Restfehler bei Lösung jeder Gleichung sind die Residuen r_i [PRES92].

Eine wichtige Größe zur Analyse des Kalibrierproblems ist der Rang $R(D)$ der Matrix D. Er ist als das Minimum von Spaltenrang und Zeilenrang definiert [LAWS95]. Der Spaltenrang ist hierbei die Anzahl der linear unabhängigen Spaltenvektoren der Matrix D. Analog ist der Zeilenrang die Anzahl der linear unabhängigen Zeilenvektoren.

Ist der Rang gleich der Anzahl m der Elemente des Lösungsvektors a_j, so ist das Gleichungssystem eindeutig lösbar. Ist er kleiner, so existiert keine eindeutige Lösung und es treten $S(D)$ Singularitäten auf:

$$S(D) = m - R(D) \tag{5.28}$$

Eine weitere wichtige Analysemöglichkeit ist durch die Konditionszahl der Matrix $K(D)$ gegeben. Sie beschreibt, wie stark die Lösung des Gleichungssystems von einer Störung der Eingangsdaten beeinflusst wird. Ideal ist ein Wert von 1. Für eine singuläre Matrix D wird $K(D)$ hingegen unendlich groß.

Die Konditionszahl lässt sich nach Formel (5.29) über die Multiplikation der (euklidischen) Norm der Matrix D mit der (euklidischen) Norm der Pseudoinversen D^+ berechnen. Alternativ kann die Konditionszahl $K(D)$ auch über Formel (5.41) im Rahmen einer Singulärwertzerlegung bestimmt werden.

$$K(D) = \|D\| \cdot \|D^+\| \tag{5.29}$$

Die Kondition eines linearen Ausgleichproblems verschlechtert sich üblicherweise mit jedem zusätzlichen Modellparameter. Welcher Wert für wird $K(D)$ tolerierbar ist, hängt stark vom Anwendungsfall ab. Konditionszahlen $K(D) \leq 100$ deuten jedoch üblicherweise auf ein gut konditioniertes Problem hin [SCHR93, S. 213–214].

Der Root-Mean-Square Error (RMSE) nach Formel (5.30) ist ein gut interpretierbares Gütekriterium für die Beschreibung der Modellgenauigkeit. Er entspricht der Standardabweichung der Residuen r_i und besitzt dementsprechend dieselbe Einheit. Bei der Lösung eines Ausgleichsproblems nach der Methode der kleinsten Fehlerquadrate wird dieser Wert minimiert [ALIC11].

$$RMSE = \sqrt{\frac{1}{m}\sum_{i=1}^{m} r_i^2} \tag{5.30}$$

5.2.4 Lösung des Gleichungssystems

Solving the system of equations

Für die Lösung linearer Gleichungssysteme sind verschiedene numerische Verfahren bekannt. Häufig wird das Problem mit Cholesky-, LR-, QR- oder Singulärwertzerlegung gelöst [PRES92]. Hierbei liefert die Singulärwertzerlegung nicht nur die verlässlichste Lösung, sondern auch weitere Informationen zur Beurteilung und Optimierung des zugrundeliegenden Ausgleichsproblems. Darstellungen dieser Methode lassen sich z.B. in [LAWS95], [PRES92] und [SCHR93] finden:

D sei eine $m \times n$ Matrix mit Rang $R(D)$. Ist G eine orthogonale $m \times m$ Matrix und H orthogonale $n \times n$ Matrix, so gilt für D:

$$D = GFH^T \tag{5.31}$$

Hierbei ist F eine $m \times n$ Diagonalmatrix, deren Diagonalelemente $f_1, \dots, f_R$ positiv sind und in fallender Anordnung vorliegen:

$$F = \left[\begin{array}{ccc|cc} f_1 & & 0 & & \\ & \ddots & & & 0 \\ 0 & & f_R & & \\ \hline & & & & \\ & 0 & & & 0 \end{array}\right] \tag{5.32}$$

Ferner gilt:

$$f_{R+1} = \dots = f_n = 0 \tag{5.33}$$

Da G und H orthogonal sind, gelten die Gleichungen:

$$\begin{aligned} G^T \cdot G = I \\ H^T \cdot H = I \end{aligned} \tag{5.34}$$

Die beiden Matrizen G und H können nicht eindeutig bestimmt werden. Die Singulärwerte sind jedoch eindeutig und identisch mit den Quadratwurzeln der Eigenwerte der zugehörigen Normal-Matrix $D^T D$. Der Rang $R(D)$, ab dem $f = 0$ gilt, muss nicht vor der Zerlegung bekannt sein, sondern wird im Laufe des Verfahrens ermittelt. Aufgrund der Maschinengenauigkeit ist es notwendig, eine Toleranzschwelle für die Kondition zu setzen, ab der eine Singularität angenommen wird. Das zugehörige Diagonalelement von F wird dann auf 0 gesetzt. Hierdurch wird wirkungsvoll verhindert, dass numerisch kaum bestimmbare Parameter sehr hohe Werte annehmen. Dies stellt einen großen Vorteil gegenüber einer Lösung mit anderen Verfahren dar [PRES92, S. 794–795].

Nach erfolgter Faktoren-Zerlegung von Gleichung (5.31), die den numerisch aufwendige Teil des Prozesses darstellt, läuft die Gleichungsauflösung in folgender Weise [SCHR93, S. 208]:

Zunächst wird die Ausgangsgleichung $Da = b$ mit G^T an der linken Seite multipliziert. Hieraus ergibt sich:

$$FH^T a = G^T b \tag{5.35}$$

Anschließend wird $a = H\Omega$ und $\vartheta = G^T b$ gesetzt. Dadurch erhält man m unabhängigen Gleichungen der Form:

$$F\Omega = \vartheta \tag{5.36}$$

Hierbei gilt für die Gleichungen $i = R(D) + 1, \ldots, \mathrm{n}$:

$$0 \cdot \Omega_i = \vartheta_i \tag{5.37}$$

Für die ersten $i = 1, \ldots, R(D)$ Gleichungen gilt dagegen:

$$\Omega_i = \frac{\vartheta_i}{f_i} \tag{5.38}$$

Im letzten Schritt wird die Matrix H multipliziert und man erhält die Lösungen a_j auf Basis der ersten j Singulärwerte und der ersten j Spalten von G:

$$a_j = \sum_{i=1}^{j} \frac{g_i^T b}{f_i} h_i \tag{5.39}$$

Neben dem Lösungsvektor sind außerdem die Residuen r_j von Interesse. Sie sind monoton fallend bis zu einem Minimum bei $j = R$ und lassen sich unter Vernachlässigung des Vorzeichens berechnen zu:

$$\|r_j\|^2 = \sum_{i=j+1}^{n} \vartheta_i^2 \tag{5.40}$$

Darüber hinaus kann die in Gleichung (5.29) definierte Konditionszahl $K(D)$ über den Quotienten aus größtem und kleinstem Singulärwert bestimmt werden [SCHR93, S. 213]:

$$K(D) = \frac{f_1}{f_R} \tag{5.41}$$

Zur Optimierung der Kondition sollten die Spalten der Designmatrix D vor der Singulärwertzerlegung skaliert werden. Hierfür werden die einzelnen Elemente der Matrix $d_{i,j}$ durch einen spaltenabhängigen Skalierungsfaktor λ_j geteilt. Nach der Singulärwertzerlegung müssen die Lösungen a_j und die Residuen r_j wieder mit diesem Faktor multipliziert werden, um Ergebnisse in der korrekten Größenordnung zu erhalten. Im Allgemeinen werden mit einer Skalierung durch die euklidische Norm die besten Ergebnisse erzielt [SCHR93, S. 216–219]. Hierbei ergeben sich die Skalierungsfaktoren λ_j für die Spalten j zu:

$$\lambda_j = \sqrt{\sum_{i=1}^{m} d_{i,j}^2} \tag{5.42}$$

Die Singulärwertzerlegung der Matrix D nach Gleichung (5.31) kann auch genutzt werden, die unskalierte Kovarianz-Matrix $C = (D^T D)^{-1}$ des Lösungsvektors zu bestimmen [LAWS95, S. 70]. Sie ist gegeben durch:

$$c_{i,j} = \sum_{k=1}^{n} \frac{h_{i,k} h_{j,k}}{f_k^2} \tag{5.43}$$

Hierbei sind die Diagonalelemente $c_{i,i}$ die Varianzen der Lösungen a_j:

$$c_{i,i} = \sum_{k=1}^{n} \frac{h_{i,k}^2}{f_k^2} \tag{5.44}$$

Mit Hilfe dieser Größe lässt sich beurteilen, wie sicher eine Lösung beziehungsweise ein Modellparameter a_j bestimmt wird: Nimmt man an, dass jedes Element des Beobachtungsvektors $\vec{b}$ einem normalverteilten Rauschen mit einer Standardabweichung σ_b unterliegt, so weist der Parameter a_j die Standardabweichung $\sigma_{a,j}$ auf

$$\sigma_{a,j} = \sigma_b \cdot \sqrt{c_{i,i}} \tag{5.45}$$

Obwohl hiermit quantitative Aussagen bezüglich der Unsicherheit bei der Parameterbestimmung möglich sind, wird in der Literatur hiervon abgeraten. Grund hierfür ist, dass die Fehler bei Ermittlung des Beobachtungsvektors eben nicht normalverteilt sind. Ein qualitative Analyse ist jedoch sinnvoll [SCHR93, S. 243].

5.2.5 Validierung der Ausgleichsrechnung

Validation of the Regression

Im zweiten Schritt zur Validierung des Kalibrierverfahrens muss die Richtigkeit der Ausgleichsrechnung, also die Identifikation der Modellparameter, überprüft werden. Dies ist vergleichsweise einfach mittels simulierter Messungen möglich.

Hierzu werden Abweichungsmodelle nach Kapitel 5.1 mit zufällig gewählten Modellparametern aufgestellt und zur Simulation von Messprozessen genutzt. Das sich solche Simulationen hinreichend genau mit der Realität decken, wurde bereits mit den in Kapitel 5.1.4 geschilderten Methoden nachgewiesen. Anschließend werden die simulierten Messdaten für die Identifikation der Modellparameter mittels Ausgleichsrechnung nach Kapitel 5.2.4 genutzt. Nun können die Modellparameter der Simulation (Eingangsdaten) mit den durch die Ausgleichsrechnung ermittelten Modellparametern (Ausgangsdaten) verglichen werden.

Die Simulationen zeigen, dass sich Eingangs- und Ausgangsdaten lediglich im Bereich der numerischen Genauigkeit unterscheiden. Die Richtigkeit der Ausgleichsrechnung ist somit sichergestellt.

Ein Beispiel für die Ergebnisse einer solchen Simulation ist in Bild 5.8 zu sehen. Das linke Diagramm zeigt die Häufigkeitsverteilung der Eingangsdaten. Sie liegen im Wesentlichen bei ± 20 µm. Das rechte Diagramm zeigt den bei der Simulation auftretenden Fehler. Die Größenordnung beträgt hier lediglich $\pm 2 \times 10^{-13}$ µm.

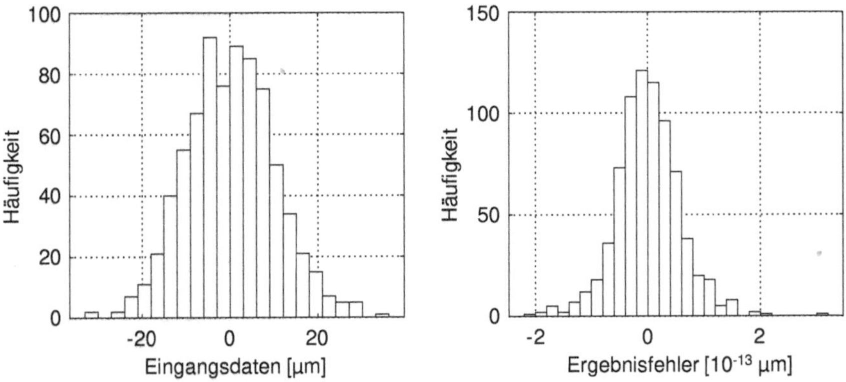

Bild 5.8: Simulierte Werte und Abweichung bei der Identifikation

Simulated Values and Deviation of Identification

6 Systemanalyse

System Analysis

Die Systemanalyse beinhaltet einen theoretischen und einen messtechnischen Teil. Ihr Schwerpunkt liegt im Vergleich verschiedener Ergebniskennzahlen für unterschiedliche Verfahrenskonfigurationen und Maschinen. Die Ergebnisse werden im Rahmen einer unabhängigen Validierung abgesichert.

6.1 Modellbasierte Systemanalyse

Model Based System Analysis

Die grundlegenden Eigenschaften eines Kalibrierproblems können anhand der Designmatrix A untersucht werden. Hierfür sind zunächst keine Messungen an realen Maschinen erforderlich, da die Designmatrix allein von den Modellspezifikationen für Maschine, Abweichungen und Messprozess abhängt. Um diesem Umstand gerecht zu werden, wird im Folgenden der Begriff „modellbasierte Systemanalyse“ für alle Untersuchungen verwendet, die sich allein auf die Designmatrix stützen, nicht aber auf den Beobachtungsvektor $\vec{\mathrm{b}}$ bzw. reale Messdaten. Da mit Hilfe dieser Vorgehensweise der Aufwand für messtechnische Untersuchungen stark reduziert werden kann, ist es sinnvoll, sie auf alle geeigneten Fragestellungen anzuwenden.

6.1.1 Ideales Kalibrierproblem

Ideal Calibration Problem

Für die Klärung der grundlegenden Zusammenhänge wird zunächst ein ideales Kalibrierproblem definiert. „Ideal“ bedeutet in diesem Fall, dass es sich um eine exemplarische Problemstellung handelt, bei der für die Analysen störende, in der Praxis aber unvermeidbare Restriktionen, vernachlässigt werden. Diese Restriktionen können zum Beispiel darin begründet sein, dass Messungen nicht kollisionsfrei durchgeführt werden können oder dass die Kompensationsmöglichkeiten der Maschinensteuerung begrenzt sind. Darüber hinaus wird das ideale Problem jedoch so gewählt, dass es sich möglich nah an einer technischen und wirtschaftlichen umsetzbaren Lösung orientiert. Aus diesem Grund wird beispielsweise die maximale Anzahl an Kugelpositionen sowie Messpunkten streng limitiert.

Als Einstiegspunkt für die Analysen sollte zudem eine möglichst vorteilhafte Messstrategie für das ideale Problem gewählt werden. Nach [BRIN06] ist eine gleichmäßige Verteilung der Messpunkte über den Arbeitsraum der Maschine wichtiger für die Stabilität der Lösung als die absolute Anzahl an Messpunkten. Dieser Sachverhalt konnte durch eigene Voruntersuchungen bestätigt werden. Weder einer Verdoppelung der Kugelpositionen noch der Messpunkte je Kugelposition führt bei einer gleichmäßigen Messpunktverteilung zu signifikant anderen Ergebnissen.

Für das ideale Kalibrieproblem werden somit diese Definitionen festgelegt:

- Die Maschine besitzt die Standard-Achskonfiguration CA-YXZ. Die Dreh- und die Schwenkachse schneiden sich im Ursprung des MKS.
- Für die Kalibrierung wird die Messkugel an vier unterschiedlichen Positionen auf dem Maschinentisch befestigt. Sie werden in vier Quadranten, auf zwei Radien $r_1 = 150$ und $r_2 = 300$ sowie zwei Höhen $h_1 = 150$ und $h_2 = 300$ platziert (siehe Bild 6.1).
- Der Messprozess ist für jede Kugel identisch. Dreh- und Schwenkachse bewegen die Messkugel in 30° Schritten durch den Arbeitsraum. Für jede Stellung der Schwenkachse [-90°, -60°, -30°, ... +90°] führt die Drehachse eine volle Umdrehung [0°, 30°, 60° ... 330°] aus. Somit ergeben sich insgesamt 4 x 7 x 12 = 336 Messpunkte (Vektoren).

Auf Basis dieser Konfiguration ergibt sich eine relativ gleichmäßige Verteilung der Messpunkte im kartesischen Arbeitsraum der Maschine (siehe Bild 6.2).

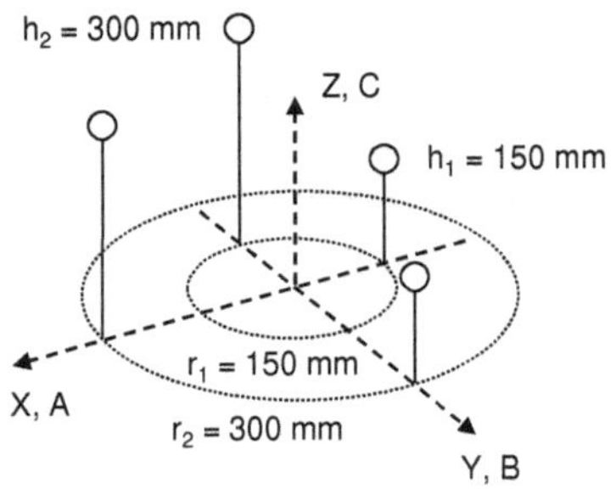

Bild 6.1: Kugelpositionen im idealen Kalibrierproblem
Ball Positions for the Ideal Problem

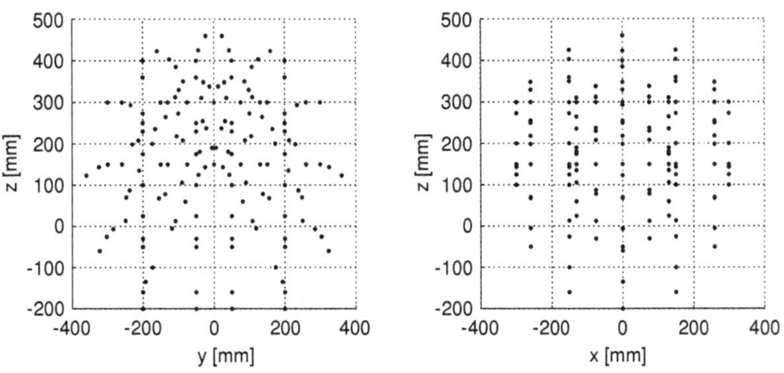

Bild 6.2: Verteilung der Messpunkte im idealen Kalibrierproblem
Distribution of the Measuring Points for the Ideal Problem

Um die Eigenschaften des Kalibrierproblems besser verstehen zu können, werden verschiedene Modellkonfigurationen aufgestellt und das resultierende Ausgleichsproblem jeweils mittels Singulärwertzerlegung gelöst. Anschließend werden im Wesentlichen zwei Kennzahlen verglichen:

- Anzahl an Modellparametern
- Konditionszahl der Designmatrix

Die Anzahl an Modellparametern ist einfaches Maß für die maximal mögliche Modelltreue. Je mehr Parameter vorhanden sind, desto detaillierter kann ein Maschinenzustand beschrieben werden. Die zweite Kennzahl, die Kondition der Designmatrix, beschreibt hingegen, wie „zuverlässig" die Lösung voraussichtlich ermittelt werden kann. Ziel ist hier ein möglichst geringer Wert (vergleiche Kapitel 5.2.3).

Für eine effiziente Analyse ist es sinnvoll, die Konfiguration der Abweichungsmodellen in zwei Schritten vorzunehmen: Zunächst wird untersucht, welchen Einfluss die verschiedenen Arten der geometrischen Abweichungen auf die Kennzahlen haben. Anschließend wird analysiert, welchen Einfluss die Konfiguration der B-Spline Modellfunktionen hat.

Im Rahmen der Modellkonfiguration werden alle theoretisch identifizierbaren Abweichungen des Starrkörpermodells in neun Gruppen eingeteilt (siehe Tabelle 6.1 und Tabelle 6.2). Jede Gruppe fasst ähnliche Abweichungen zusammen, wobei die Nummerierung der Gruppen anhand der gewählten Reihenfolge bei der Berücksichtigung im Abweichungsmodell erfolgt:

- Gruppe 1: Lageabweichungen der Rotationsachsen
- Gruppe 2: Orientierungsabweichungen der Rotationsachsen
- Gruppe 3: Orientierungsabweichungen der Linearachsen
- Gruppe 4: Positionierabweichungen der Linearachsen
- Gruppe 5: Positionierabweichungen der Rotationsachsen
- Gruppe 6: Geradheitsabweichungen der Linearachsen
- Gruppe 7: Rundlauf- und Planlaufabweichungen der Rotationsachsen
- Gruppe 8: Rollen, Nicken und Gieren der Linearachsen
- Gruppe 9: Taumeln der Rotationsachsen

Die Abweichungsmodelle werden nun kumulativ aufgebaut und analog nummeriert. Das heißt, jede Modell-Stufe beinhaltet immer alle Abweichungsgruppen mit gleicher oder kleinerer Nummer. Der Spline-Grad p sowie die Intervallzahlen n_{XYZ}, n_A und n_C für die Splines werden in zweiten Konfigurations-Schritt definiert.

Tabelle 6.1: Konfiguration der Lage- und Orientierungsabweichungen
Configuration of Location and Orientation Errors

	Abweichung	Grad	Intervalle	Start = 0	Ende =0
Gruppe 1	E_{YOA}	0	1	Nein	Nein
	E_{ZOA}	0	1	Nein	Nein
	E_{XOC}	0	1	Nein	Nein
	E_{YOC}	0	1	Nein	Nein
Gruppe 2	E_{BOA}	0	1	Nein	Nein
	E_{COA}	0	1	Nein	Nein
	E_{AOC}	0	1	Nein	Nein
	E_{BOC}	0	1	Nein	Nein
Gruppe 3	E_{COX}	0	1	Nein	Nein
	E_{AOZ}	0	1	Nein	Nein
	E_{BOZ}	0	1	Nein	Nein

Die Fixierung der Splines über eine Nullstelle am Angang bzw. Ende bei den Bewegungsabweichungen (Tabelle 6.2) geschieht auf Basis folgender Überlegungen:

- Grundsätzlich beginnen alle Bewegungsabweichungen mit einem frei wählbaren Startwert. Hier wird er immer zu Null gesetzt.
- Die Geradheitsabweichungen der Linearachsen werden auf Basis der Endpunkt-Definition modelliert [ISO12]. Ihr Endwert ist damit Null.
- Die C-Achse ist eine endlos drehend Modulo-Achse. Der Endwert entspricht somit dem Startwert (Null).
- Der Endwert einer einzelnen Positionierabweichung muss zu Null gesetzt werden. Hier wird die Z-Achse gewählt, da die Abbe-Fehler dieser Achse am geringsten sind und daher mit den geringsten Positionierabweichungen zu rechnen ist.

Ursache für die zuletzt angeführte Nullstelle ist, dass die Messdaten nur eine relative Abweichung zwischen Werkstück- und Werkzeugseite beschreiben. Ein absoluter Skalenfaktor kann nicht bestimmt werden. Anders ist dies, wenn wie z.B. in [ALAM14] absolute Längeninformationen vorhanden sind. Damit das Ausgleichproblem dennoch eindeutig gelöst werden kann, können z.B. die Positionierabweichungen von zwei Linearachsen gleich gesetzt werden [BRIN06]. Für eine Analyse des idealen Kalibrierproblems ist eine solche Abweichungskopplung jedoch nicht sinnvoll, da sie zu einer Verfälschung der Ergebnisse führen könnte.

Tabelle 6.2: Konfiguration der Bewegungsabweichungen

Configuration of Error Motions

	Abweichung	Grad	Intervalle	Start = 0	Ende = 0
Gruppe 4	E_{XX}	p	n_{XYZ}	Ja	Nein
	E_{YY}	p	n_{XYZ}	Ja	Nein
	E_{ZZ}	p	n_{XYZ}	Ja	Ja
Gruppe 5	E_{AA}	p	n_{A}	Ja	Nein
	E_{CC}	p	n_{C}	Ja	Ja
Gruppe 6	E_{YX}	p	n_{XYZ}	Ja	Ja
	E_{ZX}	p	n_{XYZ}	Ja	Ja
	E_{XY}	p	n_{XYZ}	Ja	Ja
	E_{XY}	p	n_{XYZ}	Ja	Ja
	E_{XZ}	p	n_{XYZ}	Ja	Ja
	E_{YZ}	p	n_{XYZ}	Ja	Ja
Gruppe 7	E_{XA}	p	n_{A}	Ja	Nein
	E_{YA}	p	n_{A}	Ja	Nein
	E_{ZA}	p	n_{A}	Ja	Nein
	E_{XC}	p	n_{C}	Ja	Ja
	E_{YC}	p	n_{C}	Ja	Ja
	E_{ZC}	p	n_{C}	Ja	Ja
Gruppe 8	E_{AX}	p	n_{XYZ}	Ja	Nein
	E_{BX}	p	n_{XYZ}	Ja	Nein
	E_{AY}	p	n_{XYZ}	Ja	Nein
	E_{BY}	p	n_{XYZ}	Ja	Nein
	E_{CY}	p	n_{XYZ}	Ja	Nein
Gruppe 9	E_{BA}	p	n_{A}	Ja	Nein
	E_{CA}	p	n_{A}	Ja	Nein
	E_{AC}	p	n_{C}	Ja	Ja
	E_{BC}	p	n_{C}	Ja	Ja

Die Modellfunktionen für die Lage- und Orientierungsabweichungen in Tabelle 6.1 sind trivial, da sie unabhängig von der Bewegung der Achse sind und somit jeweils nur einen einzigen Kontrollpunkt besitzen. Hierfür eignen sich Splines nullten Grades (Stufenfunktionen) mit einem einzigen Segment am besten. Start- und Endwert der Splines dürfen nicht bei 0 fixiert werden

Für die Bewegungsabweichung aus Tabelle 6.2 hingegen werden verschiede Konfigurationen der B-Spline Modellfunktionen untersucht. Diese unterscheiden sich hinsichtlich Spline-Grad p sowie den Intervallzahlen n_{XYZ}, n_A und n_C (siehe Tabelle 6.3). Die Intervallzahlen geben hierbei die Anzahl an definierten Spline-Segmenten pro Abweichung an. Hierbei wird unterschieden in Intervalle für die Linearachsen (n_{XYZ}) sowie für die A-Achse (n_A) und die C-Achse (n_C). Diese Unterscheidung wird aufgrund der angenommenen Charakteristik der geometrischen Abweichungen getroffen: Für die Rotationsachsen ist mit Abweichungen zu rechnen, die auf die Winkelfunktionen $\sin(x)$ und $\cos(x)$ zurückgeführt werden können. Um diese mit ausreichender Genauigkeit abbilden zu können, wird ein Spline-Segment ersten Grades pro 90° Achsbewegung bzw. ein Spline Segment zweiten Grades pro 180° Achsbewegung als Minimum vorausgesetzt (siehe Bild 6.3). Bei den Linearachsen ist unabhängig vom Spline-Grad mindestens ein Intervall vorgesehen.

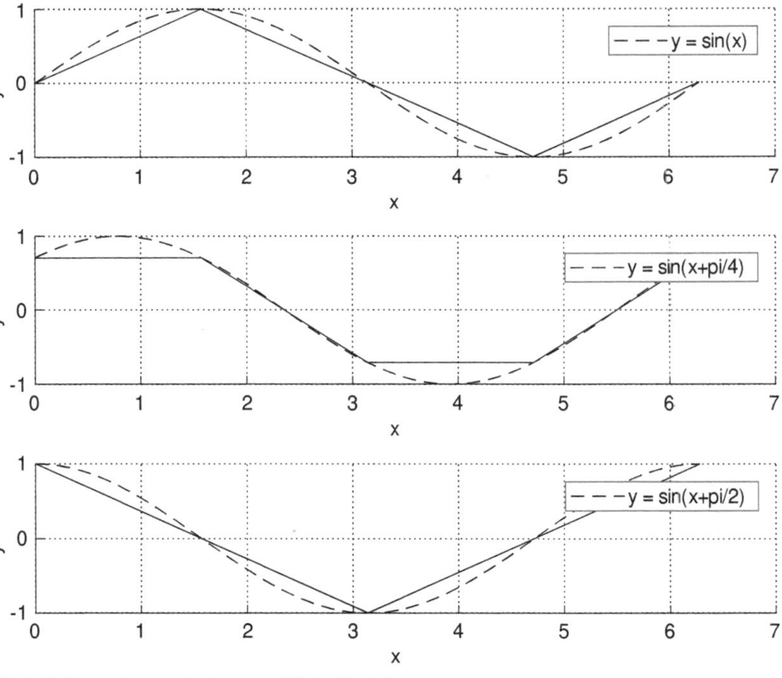

Bild 6.3: Linearinterpolation von Winkelfunktionen

Linear Interpolation of Angular Functions

Tabelle 6.3: Konfiguration der B-Spline Modellunktionen

Configuration of the B-spline Base Functions

Konfiguration	d	n_{XYZ}	n_A	n_C
1.1	1	1	2	4
1.2		2	2	4
1.3		3	2	4
1.4		4	2	4
1.5		4	4	6
2.1	2	1	1	2
2.2		2	1	2
2.3		3	1	2
2.4		3	2	3
3.1	3	1	1	2

6.1.2 Numerische Beurteilung

Numeric Evaluation

Bild 6.4 und Bild 6.5 zeigen die Hauptergebnisse der ersten Analyse. Im ersten sind die Kontrollpunkte der Modelle dargestellt, im zweiten die jeweilige Konditionszahl. In beiden Diagrammen stellt die horizontale Achse die Modell-Stufen (kumulativ berücksichtigten Abweichungsgruppen) dar. Jede Linie im Diagramm steht für eine unterschiedliche Spline-Konfiguration nach Tabelle 6.3. Hierbei kennzeichnet die Linienart den Grad des Splines.

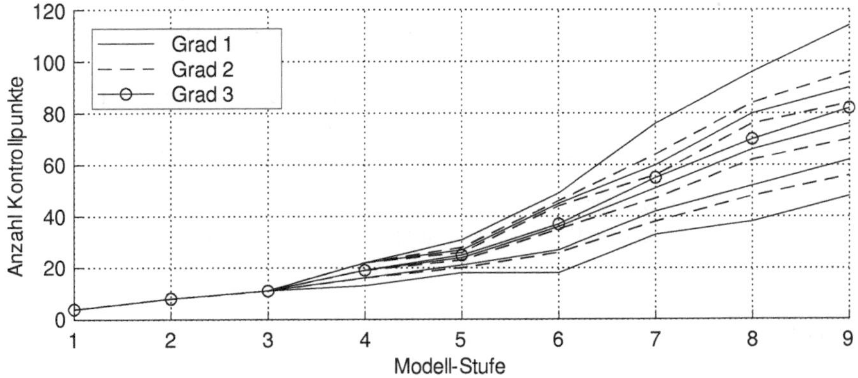

Bild 6.4: Anzahl der Kontrollpunkte für verschiedene Modellkonfigurationen

Number of Control Points for Various Model Configurations

Da sowohl Kontrollpunkte wie auch Konditionszahl mit zunehmender Konfigurationsnummer je Spline-Grad monoton steigen, kann die gültige Konfiguration je Linie einfach durch Abzählen ermittelt werden.

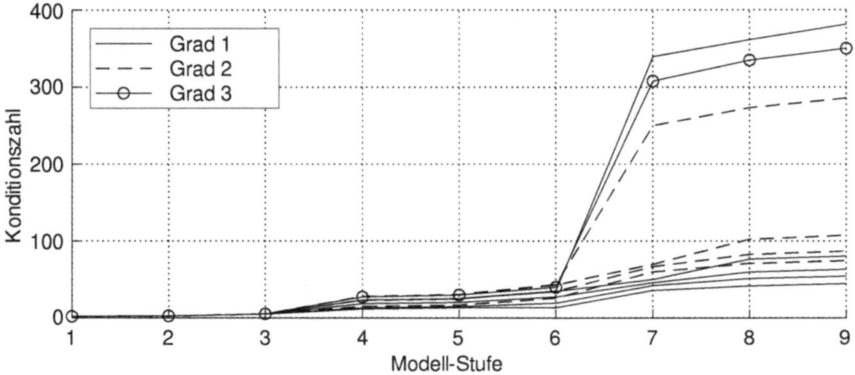

Bild 6.5: Konditionszahlen für verschiedene Modellkonfigurationen
Condition Numbers for Various Model Configurations

Die wesentlichen Erkenntnisse lassen sich wie folgt zusammenfassen:

- Ein ausreichend gut konditioniertes Kalibrierproblem kann mit vier Messkugelpositionen und weniger als 350 Messpunkten aufgestellt werden.
- Alle dargestellten Modelle sind frei von Singularitäten. Dies wird unter anderem durch die nicht triviale Fixierung von E_{ZZ} am Ende des Splines erreicht.
- Es existieren mehrere Lösungen für die Kalibrierung aller Abweichungskomponenten (Modell-Stufe 9), deren Kondition ausreichend gut (unter 100) ist.
- Für B-Splines ersten und zweiten Grades mit zu vielen Segmenten (Konfigurationen 1.5 und 2.4) steigt die Kondition ab Modell-Stufe 7 (Rundlauf- und Planlaufabweichungen der Rotationsachsen) sprunghaft über den Grenzwert. Gleiches gilt für alle Konfigurationen mit Splines dritten Grades (Konfiguration 3-1). Die verschiedenen Abweichungskomponenten sind ab dieser Modellkomplexität folglich deutlich schlechter separierbar.

Interessant ist darüber hinaus, dass Konfigurationen mit einer vergleichbaren Kontrollpunktanzahl jedoch geringerem Spline-Grad besser konditioniert sind. Dies ist nachvollziehbar, wenn man bedenkt, dass sich die Basisfunktionen der Splines mit zunehmendem Grad über immer mehr Intervalle erstrecken und somit stärker gekoppelt sind.

Die höhere Robustheit von Splines ersten Grades wird besonders deutlich, wenn man den Messprozess des idealen Kalibrierproblems einschränkt. Bild 6.6 und Bild 6.7 zeigen die modellspezifische Kondition für zwei unterschiedliche Messprozesse. Hierbei ist zu beachten, dass nur die Ergebnisse für die besten Konfigurationen (2.1 bis 2.4 sowie 3.1 bis 3.3) dargestellt sind.

In Bild 6.6 befinden sich alle Kugelpositionen auf der Höhe h_1. Hier erzielen die Splines zweiten Grades bereits allesamt schlechtere Ergebnisse. In Bild 6.7 werden die Kugelpositionen wie beim idealen Problem belassen. Die Schwenkstellungen werden jedoch auf den Bereich A = [-60°, -30°, ... 60°] eingeschränkt. Hier zeigt sich ein deutlicher Konditionsunterschied zwischen der komplexesten Spline-Konfiguration ersten Grades und der einfachsten Konfiguration zweiten Grades.

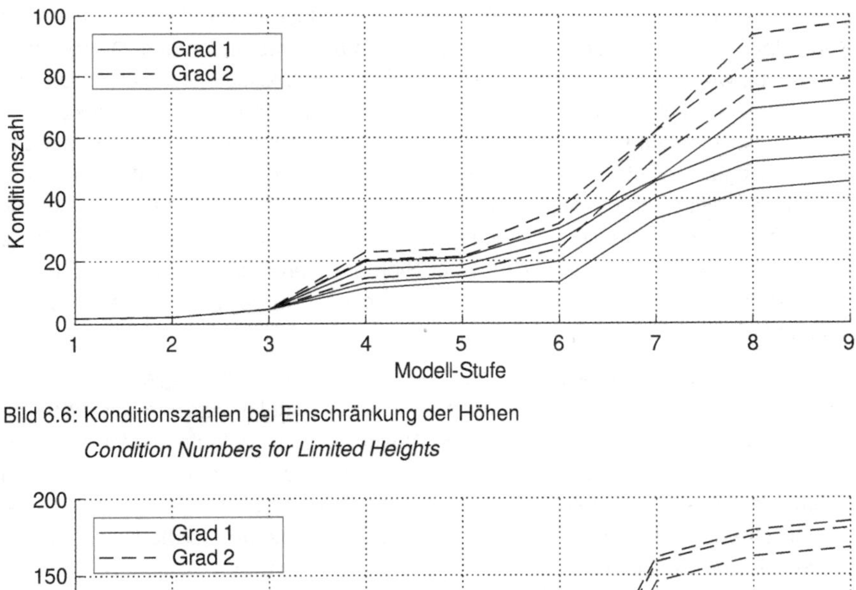

Bild 6.6: Konditionszahlen bei Einschränkung der Höhen

Condition Numbers for Limited Heights

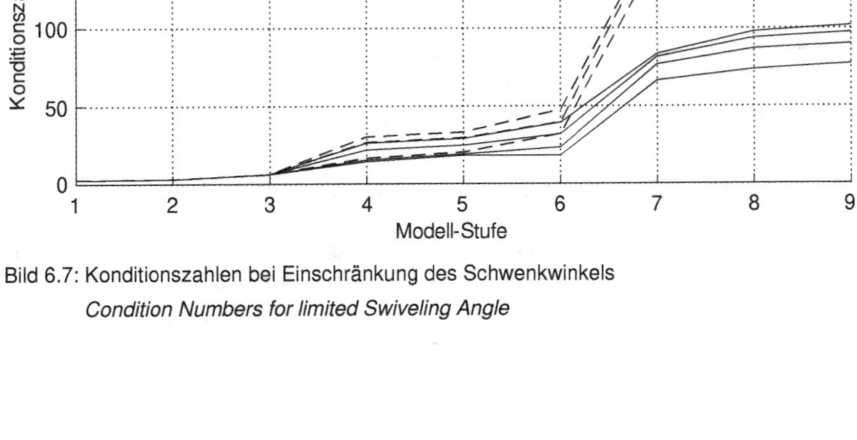

Bild 6.7: Konditionszahlen bei Einschränkung des Schwenkwinkels

Condition Numbers for limited Swiveling Angle

Da es vorteilhafter erscheint, alle existierenden Abweichungskomponenten des reduzierten Starrkörpermodells zu berücksichtigen (Modell-Stufe 9), als komplexere Modellfunktionen mit Kontrollpunkten zuzulassen, wird folgende Modellkonfiguration für die nächste Analyse ausgewählt:

- Alle erfassbaren Abweichungskomponenten
- Splines ersten Grades für alle Abweichungen
- 4 Spline-Intervalle für die Linearachsen
- 4 bzw. 2 Spline-Intervalle für die Drehachsen

Diese Konfiguration enthält 90 Kontrollpunkte und erscheint auch bei eingeschränktem Messprozess ausreichen robust ($\mathrm{K}(A) \leq 100$). Für eine erste Einschätzung der zu erwartenden Kalibriergenauigkeit für jeden Modellparameter kann außerdem die Kontrollpunkt-Unsicherheit nach Gleichung (5.45) ausgewertet werden. Diese Größe beschreibt, wie sich Störungen oder Unsicherheiten im Messprozess auf die Bestimmung der Modellparameter, in diesem Fall also der Kontrollpunkte, auswirken. Um eine Vergleichbarkeit von translatorischen und rotatorischen Abweichungen auf einfachem Wege herzustellen, werden die rotatorischen Unsicherheiten mit dem größten Abstand einer Kugelposition zum Drehzentrum multipliziert. Hierdurch können die Kontrollpunkt-Unsicherheiten als dimensionslose Größe betrachtet werden: Werte unter 1 bedeuten eine Abschwächung der Störung; Werte über 1 dagegen eine Verstärkung. Diese Interpretation ist jedoch mit Vorsicht zu verwenden, da sie streng genommen nur für normalverteilte Störungen gilt.

Dennoch lassen sich gut verschiedene Unsicherheiten qualitativ vergleichen. Bild 6.8 zeigt ein Beispiel hierfür. Auf der linken Seite ist die Häufigkeitsverteilung der Kontrollpunkt-Unsicherheiten für ausgewählte Abweichungsmodelle im idealen Kalibrierproblem dargestellt. Hierbei wurden die Spline-Intervalle so definiert, dass immer gleichviele Messpunkte in einem Intervall liegen. Auf der rechten Seite wurde dagegen gleiche Breite für alle Intervalle eines Splines vorgegeben (siehe Kapitel 5.1.1). Es zeigt sich, dass letztere Definition zu einer etwas höheren Kondition (K = 82,2 im Vergleich zu K = 66,7) sowie auch zu höheren Unsicherheiten führt. Der Unterschied ist aber voraussichtlich tolerierbar.

Bild 6.9 zeigt den gleichen Sachverhalt jedoch bei eingeschränktem Schwenkwinkel. Hier ist der Unterschied bezüglich der Intervalldefinition noch geringer. Es zeigen sich jedoch bei Konditionszahlen von 98,7 bzw. 102,7 bereits erste Ausreißer in den Häufigkeitsverteilungen.

Einen überraschend großen Einfluss hat eine Nullpunktverschiebung des Problems. Wird das Drehzentrum um beispielsweise 300 mm in Z-Richtung verschoben, so verdreifacht sich die Konditionszahl nahezu (von K = 66,8 auf K = 164.2). Auch die Kontrollpunkt-Unsicherheiten verschlechtern sich deutlich. Bei einer Verschiebung in Y-Richtung treten dagegen nur vernachlässigbare Veränderungen auf (siehe Bild 6.10).

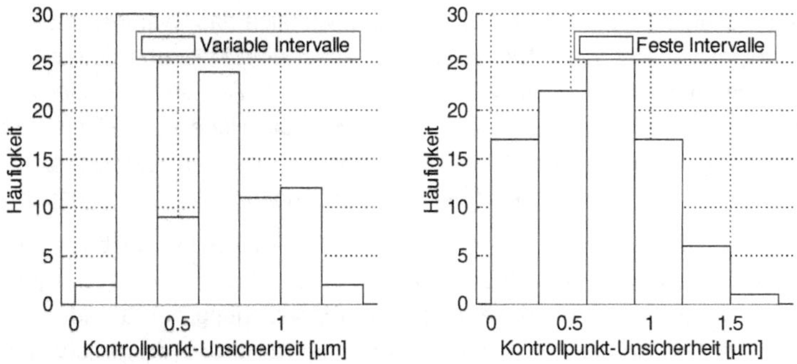

Bild 6.8: Einfluss der Intervalldefinition auf die Kontrollpunkt-Unsicherheiten
Influence of Interval Definition on Control Point Uncertainty

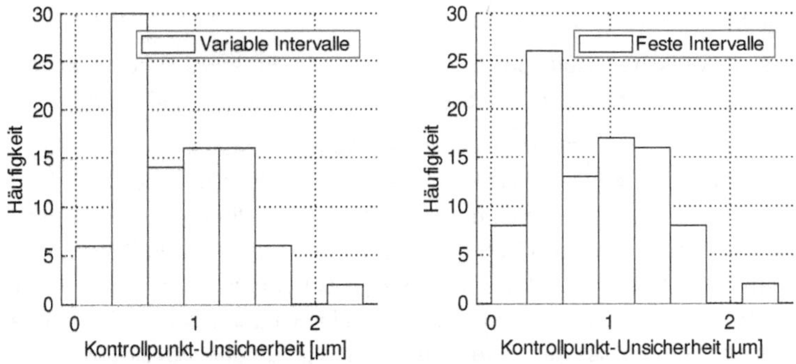

Bild 6.9: Kontrollpunkt-Unsicherheiten bei eingeschränktem Schwenkwinkel
Control Point Uncertainty for Limited Swiveling Angle

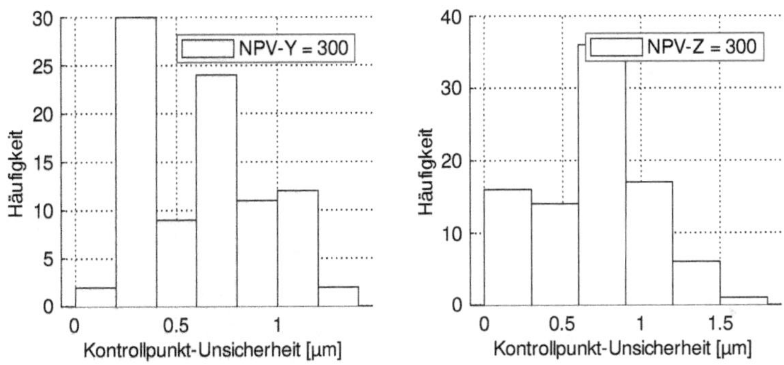

Bild 6.10: Einfluss einer Nullpunktverschiebung auf die Kontrollpunkt-Unsicherheiten
Influence of Zero Point Shift on Control Point Uncertainty

Eine weitere interessante Fragestellung besteht darin, wie sich das Systemverhalten bei weniger Kugelpositionen ändert. Hierfür wird zunächst eine Messung betrachtet, die vier rotationssymmetrische Kugelpositionen mit gleichem Abstand und gleicher Höhe zum Drehzentrum beinhaltet. Für die Analyse wird die Höhe $h_1 = 150$ sowie der Radius $r_2 = 300$ gewählt. Die resultierenden modellspezifischen Konditionszahlen für Splines vom Grad 1 mit einem bis drei Intervallen sind in Bild 6.11 dargestellt:

Die Kurvenverläufe entsprechen im Wesentlichen denen des idealen Kalibrierproblems und bleiben bis zur Modell-Stufe 9 unter dem K = 100. Die erste deutliche Verschlechterung der Kondition tritt wie erwartet bei der Einbeziehung der Geradheiten (Modell-Stufe 6) auf. Der Konditionsunterschied zwischen zwei und drei Intervallen für die Splines ist deutlich zu erkennen und stärker als beim idealen Kalibrierproblem ausgeprägt. Er kann gut mit der schlechteren räumlichen Verteilung der Messpunkte erklärt werden. Im weiteren Verlauf dieser Arbeit werden daher maximal drei Spline-Intervalle für die Linearachsen betrachtet.

Bei nur zwei symmetrischen Kugelpositionen sehen die Ergebnisse recht ähnlich aus. Im Schnitt sind die Konditionszahlen allerdings ca. 20% höher (Bild 6.12).

Im Vergleich hierzu bieten die Konditionszahlen für die Messung mit nur einer Kugelposition gänzlich andere Ergebnisse (siehe Bild 6.13). Bei einer exakt gleichen räumlichen Verteilung der Messpunkte ergeben sich hier in etwa die dreifachen Konditionszahlen, die im Wesentlichen den Sprüngen bei Modell-Stufen 7 und 9 (Rundlauf- sowie Taumelabweichungen der Rotationsachsen) zuzuordnen sind. Auch dieses Verhalten ist nachvollziehbar: Bei nur einer Kugelposition ist der Vektor zwischen der zweiten Rotationsachse und der Messkugel nur abhängig von der Stellung eben dieser Achse. Für die entsprechenden Abweichungskomponenten liegen demzufolge nur wenig unabhängige Informationen vor. Eine Kalibrierung dieser Komponenten ist bei einer Kugelposition dementsprechend unsicher.

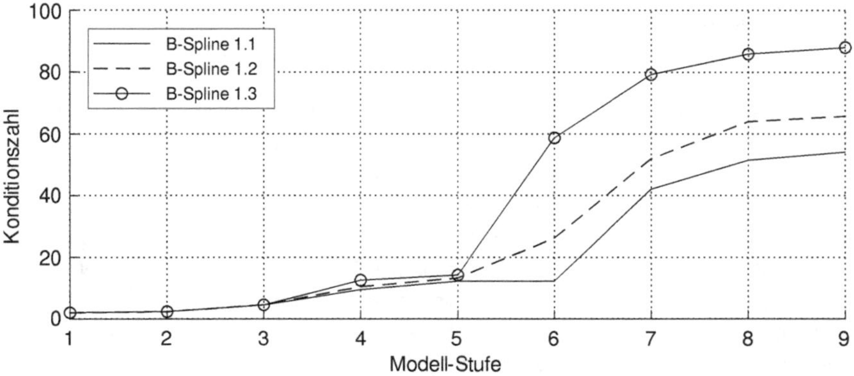

Bild 6.11: Konditionszahlen bei vier symmetrischen Kugelpositionen
Condition Numbers for Four Symmetric Ball Positions

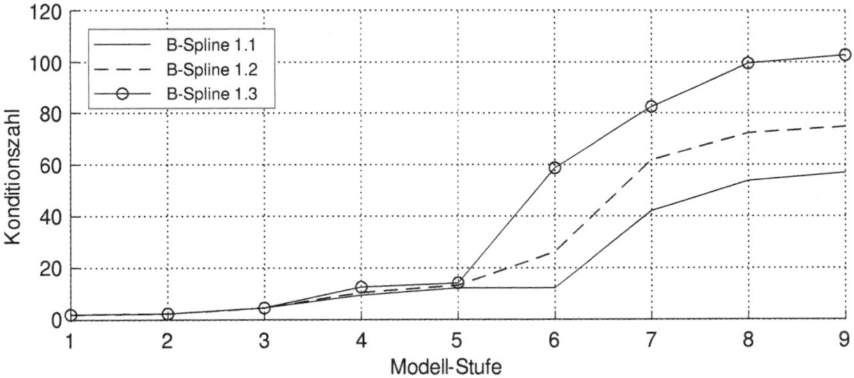

Bild 6.12: Konditionszahlen bei zwei symmetrischen Kugelpositionen
Condition Numbers for Two symmetric Ball Positions

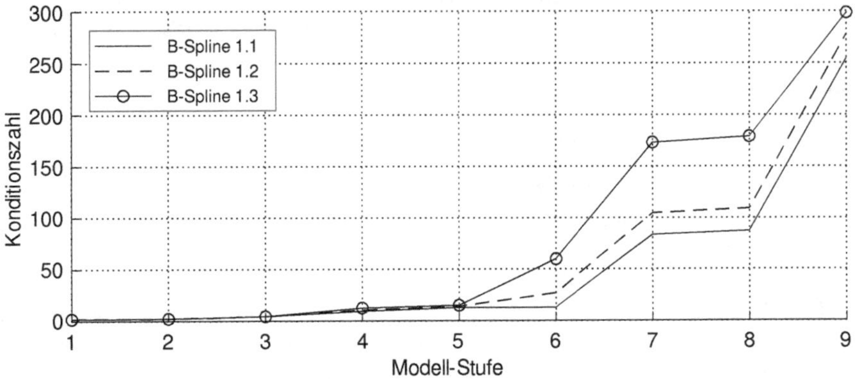

Bild 6.13: Konditionszahlen bei einer einzelnen Kugelposition
Condition Numbers for Single Ball Position

6.2 Messtechnische Systemanalyse

Metrological system analysis

Das in dieser Arbeit genutzte Hauptinstrument für die messtechnische Analyse und Beurteilung des Kalibrierverfahrens ist die Kreuzvalidierung. Hierbei werden mehr Daten messtechnisch erhoben als für die eigentliche Kalibrierung notwendig sind. Die gesammelten Daten werden in zwei Gruppen aufgeteilt: Die Trainingsdaten werden genutzt, um die Abweichungen der Maschine mittels der in Kapitel 5 geschilderten Methoden zu bestimmen. Die Testdaten werden anschließend verwendet, um die Modellgenauigkeit zu beurteilen. Dies geschieht, indem die Messwerte aus dem Testdatensatz mit künstlich erzeugten Messwerten verglichen werden. Basis für die künstlichen Messwerte sind hierbei einerseits die aus dem Trainingsdatensatz gewonnenen Modellparameter sowie andererseits die für den Testdatensatz gültige Messstrategie. Teilt man den gesamten Datensatz in mehrere möglichst gleich große Teilmengen und wiederholt die Kreuzvalidierung so oft, dass jede der Teilmengen einmal für den Test genutzt wurde, so spricht man auch von einer Leave-One-Out Kreuzvalidierung. Sofern nicht anders angegeben, wird dieser Ansatz im Folgenden verwendet.

Üblicherweise wird bei der Kreuzvalidierung ein kleiner Prozentsatz der Daten (oft zwischen 10% und 20%) zufällig für den Test ausgewählt. Da die Messdaten im hier behandelten Problem jedoch immer je Messposition gruppiert erfasst und ausgewertet werden, wird in dieser Arbeit ein anderer Ansatz verfolgt: Alle Messdaten für eine Kugelposition werden als Einheit betrachtet und nicht getrennt. Außerdem werden nur so viele Daten für das Training verwendet, wie auch wirtschaftlich für eine Kalibrierung vertretbar sind (maximal vier Messpositionen). Bei einer Messung mit 16 Positionen übersteigt die Menge der Testdatensatz die Menge der Trainingsdaten also um ein Vielfaches. Diese Vorgehensweise führt zu einer vergleichsweise schlechten Modellbeurteilung, da sie anfällig für systematische Fehler in den Messdaten ist, trifft aber die in der Praxis zu erwartende Kalibriergenauigkeit eher als eine, über mehrere Kugelpositionen verteilte, zufällige Auswahl der Testdaten. Darüber hinaus sind durch eine entsprechende Auswahl der Trainingsdaten Analysen zur Beurteilung verschiedener Messstrategien möglich.

Zur Beurteilung der Kalibriergüte werden drei Kennzahlen herangezogen:

- Konditionszahl der Designmatrix (wie bei der modellbasierten Analyse)
- RMSE der Residuen der Trainingsdaten nach Gleichung (5.30)
- RMSE der Differenz von simulierten und gemessenen Testdaten

Auf Basis dieser Kennzahlen werden nun veschiedene Modellkonfigurationen und Messstrategien miteinander verglichen. Darüber hinaus wird analysiert, inwiefern sich die Erkenntnisse aus der modellbasierten Systemanalyse bestätigen lassen. Von Interesse ist außerdem, ob und auf welche Weise die Kennzahlen korrelieren.

6.2.1 Versuchsaufbau

Experimental setup

Für die Systemanalyse werden drei Maschinen ähnlicher Bauart ausgewählt, um eine gewisse Vergleichbarkeit der Ergebnisse zu gewährleisten. Die wichtigsten Eckdaten sind in Tabelle 6.4 zu finden. Alle Maschinen besitzen dieselbe Achskonfiguration und Spindelorientierung, unterscheiden sich jedoch hinsichtlich konstruktiver Details wie z.B. Anzahl der Führungen. Auch sind Alter und dementsprechend der Verschleißzustand der Maschinen unterschiedlich. Prinzipiell besitzen sie jedoch aufgrund der direkten Messsysteme an den Achsen eine ähnliche Grundgenauigkeit in der Achspositionierung.

Tabelle 6.4: Versuchsübersicht der Systemanalyse

Experiment Overview of System Analysis

	Maschine A	Maschine B	Maschine C
Maschinentyp	CA-YXZ	CA-YXZ	CA-YXZ
Spindelorientierung	Vertikal	Vertikal	Vertikal
Messsysteme	Direkt	Direkt	Direkt
Kalibrierbereich X [mm]	599	631	630
Kalibrierbereich Y [mm]	564	697	635
Kalibrierbereich Z [mm]	372	431	405
Kalibrierbereich A [°]	± 60 (± 40)	± 60 (± 40)	± 60 (± 40)
Kalibrierbereich C [°]	360	360	360
Schrittweite A / C [°]	10	10	10
Kugelpositionen	16	9	7
Anzahl Messungen	6586	4033	3071
Versuchsdauer [min]	465	450	315

Die Aufnahme der Messdaten geschieht mit dem in Kapitel 4.2 beschriebenen Prozess. Die Prozessparameter sowie die Kalibrierbereiche sind für alle Maschinen ähnlich. Durch die Automatisierung der Messprozesse kann gewährleistet werden, dass die große Menge an Messungen in akzeptabler Zeit und unter akzeptablen Schwankungen der Umgebungstemperatur durchgeführt werden kann. Alle Maschinen werden vor Beginn der Untersuchungen mit dem Messprogramm für die erste Kugelposition aufgewärmt, bis sich konstante Verhältnisse einstellen.

Die gewählten Positionen der Messkugel auf dem Maschinentisch sowie die Anzahl der unterschiedlichen Positionen unterscheidet sich von Maschine zu Maschine (siehe Bild 6.14 bis Bild 6.16). Während bei der ersten Maschine ein sehr symmetrischer Versuchsaufbau gewählt wird, ist die Verteilung der Kugelpositionen bei den beiden anderen Maschinen mehr oder weniger zufällig. Hierdurch soll eine systematische Beeinflussung der Ergebnisse verhindert werden.

Für die Versuche wurden zwei unterschiedliche Messkugelhalter verwendet. Sie unterschieden sich in ihrer Höhe um 50 mm und sind in den Bildern hell bzw. dunkel markiert. Die Höhe der Kugelpositionen wird bei der zweiten Maschine darüber hinaus durch 20 mm starke Auflageplatten beeinflusst, die verwendet werden, um den Kalibrierbereich zu vergrößern.

Die Kugelpositionen werden je Maschine in die Quadranten Q1 bis Q4 aufgeteilt. Eine untersuchte Messstrategie beinhaltet immer eine Kugelposition aus jedem Quadranten. Durch diese Einschränkung sollen räumlich stark konzentrierte Messstrategien ausgeschlossen und der Analyseaufwand reduziert werden. Da je Maschine unterschiedlich viele Kugelpositionen in jedem Quadranten vertreten sind, variiert die Anzahl der sich ergebenden Messstrategien (siehe Tabelle 6.5). Insgesamt lässt sich der Analyseaufwand durch die reduzierte Auswahl jedoch um ca. 85% verringern.

Tabelle 6.5: Anzahl untersuchter Messstrategien
Number of Analyzed Measuring Strategies

	Maschine A	Maschine B	Maschine C
Maximal möglich	$\binom{14}{4} = 1820$	$\binom{9}{4} = 126$	$\binom{7}{4} = 35$
Reduzierte Auswahl	$4 \cdot 4 \cdot 4 \cdot 4 = 256$	$2 \cdot 3 \cdot 1 \cdot 3 = 18$	$3 \cdot 2 \cdot 1 \cdot 1 = 6$

Zur Überprüfung der Qualität der Versuchsdaten wird eine Referenzmessung für jede Kugelposition durchgeführt. Hierfür erfasst der Sensor den Lagevektor der Kugel einmal vor und einmal nach der eigentlichen Kalibriermessung. Die Differenz aus beiden Vektoren ergibt die unerwünschte Drift während der Kalibriermessung in X-, Y-, und Z-Richtung. Einen ersten Überblick über die Ergebnisse bietet Bild 6.17. Hier ist die Drift der Referenzpositionen entlang der verschiedenen Raumrichtungen für alle Versuchsmaschinen in einem Diagramm zusammengefasst.

Sie liegt größtenteils bei weniger als 2 µm. Dies stellt einen akzeptablen Wert im Rahmen der zu erwartenden Wiederholgenauigkeit dar. Da jedoch auch höhere Drift-Werte bis 10 µm zu erkennen sind, ist es sinnvoll, die Einzelergebnisse im Detail zu betrachten.

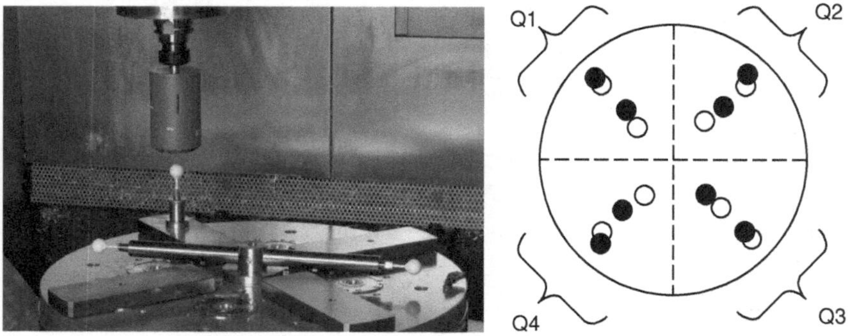

Bild 6.14: Kugelpositionen für Maschine A (hell = niedrig, dunkel = hoch)

Ball Positions for Machine A (bright = low, dark = high)

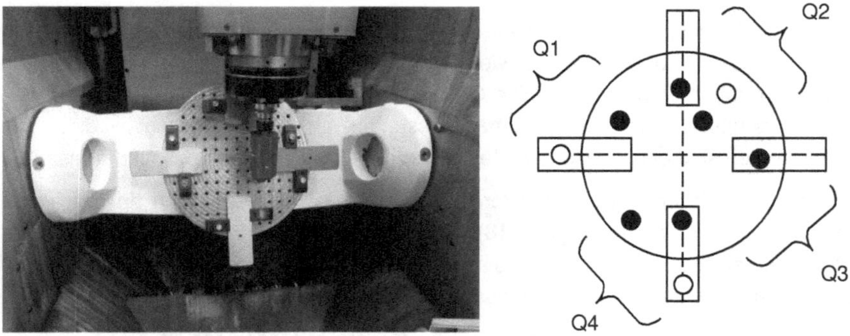

Bild 6.15: Kugelpositionen für Maschine B (hell = niedrig, dunkel = hoch)

Ball Positions for Machine B (bright = low, dark = high)

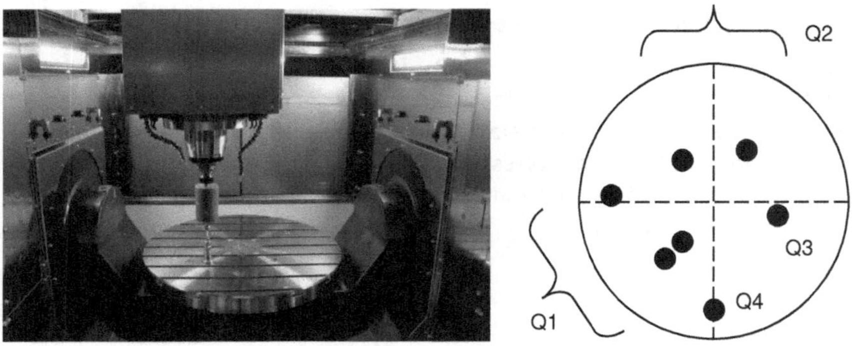

Bild 6.16: Kugelpositionen für Maschine C (hell = niedrig, dunkel = hoch)

Ball Positions for Machine C (bright = low, dark = high)

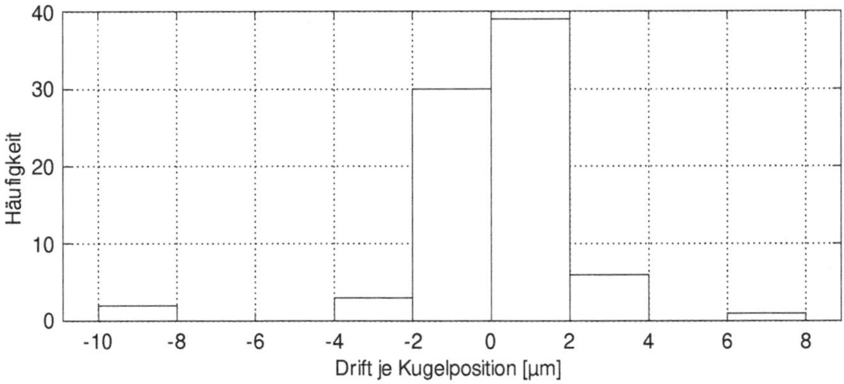

Bild 6.17: Drift der Referenzpositionen (Häufigkeitsverteilung)
Drift of Reference Positions (Frequency Distribution)

In Bild 6.18 bis Bild 6.20 sind diese in kumulierter Weise aufgetragen, sodass sich die Einzeldrift je Kugelposition sowie näherungsweise die Gesamtdrift über den gesamten Versuch ablesen lässt. Die Gesamtdrift ist nur eine Näherung, da das Maschinenverhalten zwischen den Einzelmessungen nicht berücksichtigt wird. In den Diagrammen sind einzelne, durch Messfehler gestörte Ergebnisse, nicht dargestellt.

Die beiden größten Einzel-Drift-Werte sind in der zweiten Messung an der ersten Maschine zu finden (siehe Bild 6.18). Dies ist zunächst überraschend, da die erste Messung sehr geringe Werte aufweist. Eine mögliche Erklärung ist eine nicht ausreichende Aufwärmzeit bei einem langsamen Wärmefluss in der Maschine.

Die maximale Gesamtdrift beträgt für die beiden ersten Maschinen ca. 10 µm. Für die dritte sogar 20 µm. Sie ergibt sich insbesondere bei der dritten Maschine durch eine monotone Zunahme bzw. Abnahme mit jeder Einzelmessung. Da die Versuche über einen Zeitraum von mehreren Stunden unter nicht-klimatisierten Bedingungen durchgeführt werden, ist mit einem solchen Verhalten jedoch zu rechnen.

Die hohe Gesamtdrift bedeutet aber auch, dass Messstrategien, die nur zeitlich zusammenliegende Messungen enthalten, bei der Kreuzvalidierung voraussichtlich deutlich schlechtere Ergebnisse erzielen, als zeitlich verteilte. Darüber hinaus stellt die Drift eine nicht zu vernachlässigende Quelle für die Kalibrierunsicherheit dar. Beide Sachverhalte sollte bei der Interpretation der entsprechenden Versuchsergebnisse berücksichtigt werden.

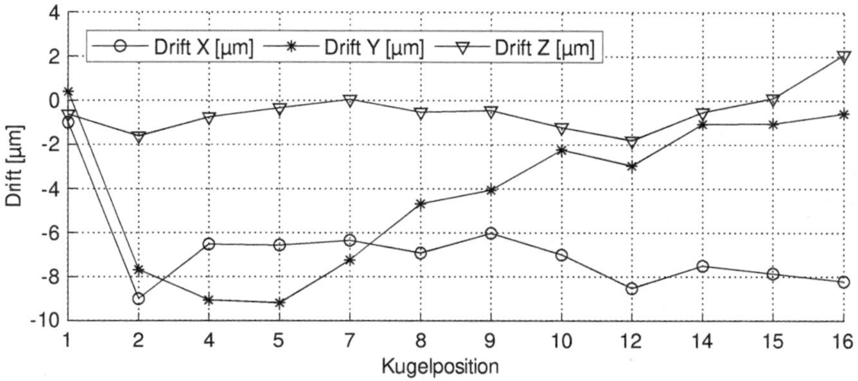

Bild 6.18: Kumulierte Drift der Referenzpositionen für Maschine A

Cumulated Drift of Reference Positions for Machine A

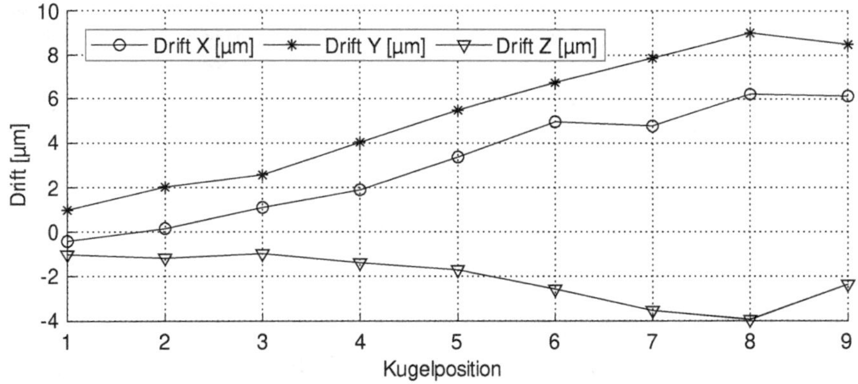

Bild 6.19: Kumulierte Drift der Referenzpositionen für Maschine B

Cumulated Drift of Reference Positions for Machine B

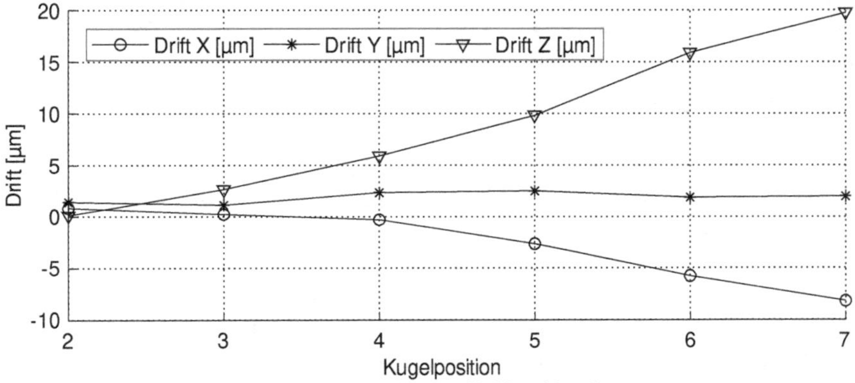

Bild 6.20: Kumulierte Drift der Referenzpositionen für Maschine C

Cumulated Drift of Reference Positions for Machine C

6.2.2 Vergleich der Abweichungsmodelle

Comparison of Error Models

Für die erste Analyse wird für jede Versuchsmaschine eine Messstrategie mit vier Messpositionen als Trainingsdatensatz ausgewählt. Alle übrigen Messpositionen bilden den Testdatensatz. Die Messpositionen im Trainingsdatensatz befinden sich in unterschiedlichen Quadranten und auf unterschiedlichen Radien. Die zugehörigen Messpunkte sind dementsprechend gleichmäßig im Raum verteilt und sorgen für eine gute Problemkonditionierung.

Für diese Messstrategie wird der Einfluss der Modellkonfiguration auf die drei Kennzahlen Kondition, RMSE (Training) und RMSE (Test) analysiert (siehe Bild 6.21, Bild 6.22 und Bild 6.23). Hierbei stellt die Konditionszahl bekanntermaßen eine rein numerisch ermittelte Größe dar. Sie ist folglich bereits vor der Messung bekannt. Der Wert RMSE (Training) berechnet sich aus den Residuen der Trainingsdaten und liegt folglich erst nach der Messung vor. Er basiert auf echten Messdaten und gibt an, wie gut das verwendete Modell die aufgenommen Daten abbildet. Nachteilig ist jedoch, dass eine Überanpassung des Modells an die Messdaten (Overfitting) nicht erkannt wird. Die dritte Kennzahl, RMSE (Test), beschreibt, wie gut das trainierte Modell unabhängige Testdaten erklärt und ist daher geeignet, Overfitting zu erkennen. Hierbei muss jedoch berücksichtigt werden, dass systematische Fehler, die sowohl in den Trainings- wie auch den Testdaten vorhanden sind, das Bild verzerren. Vor dem Hintergrund, dass die Testdaten und die Trainingsdaten mit demselben Messmittel und ähnlichen Messbewegungen der Maschine aufgenommen wurden, ist dieser Punkt nicht zu vernachlässigen.

Für jede Kennzahl sind Ergebnisse für 27 unterschiedliche Modellkonfigurationen dargestellt. Je nach Position des Datenpunktes auf der horizontalen Achse der Grafiken ändert sich die Modell-Stufe bzw. die im Modell berücksichtigten geometrischen Abweichungen (siehe Tabelle 6.1 und Tabelle 6.2). Die verschiedenen Spline-Konfigurationen (siehe Tabelle 6.3) für jede Modell-Stufe sind in den Diagrammen durch die Linien-Symbole Dreieck, Kreuz und Kreis zu erkennen. Dargestellt sind ausschließlich die Ergebnisse für Splines ersten Grades.

Zunächst lässt sich erkennen, dass die Konditionszahlen wie erwartet mit zunehmender Modellkomplexität (Modell-Stufe und Spline-Intervalle) immer monoton steigen. Sie folgen für alle Maschinen und alle Spline-Konfigurationen einem mehr oder weniger quadratischen Verlauf. Hierbei hat die Modellstufe einen deutlich größeren Einfluss auf die Konditionszahl als die Anzahl der Intervalle. Für die Modell-Stufe 7 befinden sich die Konditionszahlen in der Nähe des hypothetischen Grenzwertes von $\mathrm{K}(A) = 100$. Von Modell-Stufe 5 auf 6 ergibt sich bei der ersten Spline-Variante keine Änderung. Dies gilt auch für die anderen Kennzahlen. Ursache hierfür ist, dass Geradheitsabweichungen nicht mit nur einem Spline-Intervall beschrieben werden können und somit keinen Einfluss auf das Modell haben.

Der RMSE (Training) ist für alle Maschinen mit steigender Modellkomplexität monoton fallend. Mehr Freiheitsgrade im Modell erlauben eine bessere Anpassung an die Messdaten. Auch dies ist so zu erwarten. Im Gegensatz zu der Konditionszahl ist beim RMSE (Training) jedoch ein ausgeprägtes Sättigungsverhalten anzutreffen. Nach starker Reduktion des Restfehlers mit den ersten Modell-Stufen nimmt der Vorteil mit Hinzunahme weiterer Abweichungstypen ab Stufe 7 drastisch ab. Dies gilt für alle Spline-Konfigurationen. Dagegen sinkt der RMSE (Training) jedoch für Splines mit mehr als einem Intervall von Stufe 5 auf Modell- Stufe 6 noch deutlich ab. Wie bei der Konditionszahl ist hier die Ursache, dass Geradheitsabweichungen nicht mit nur einem Spline-Intervall beschrieben werden können.

Der RMSE (Test) liegt für alle Datenpunkte überraschend nah am RMSE (Training). Auch die Kurvenverläufe verhalten sich sehr ähnlich. Hier gibt es jedoch eine interessante Ausnahme, die ein Hinweis für Overfitting ist: Bei Modell-Stufe 9 der dritten Maschine bringen die hinzugenommenen Abweichungen (Taumeln der Rotationsachsen) im Test keinerlei Mehrwert. Sie sorgen im Gegenteil für erkennbar schlechtere RMSE (Test).

Die dominanten Abweichungen (größte RMSE Abnahme) sind je nach Maschine unterschiedlich. Bei der ersten und dritten Maschine sind sie für Training und Test jeweils gleich. Im ersten Fall dominieren die Rechtwinkligkeitsabweichungen der Linearachsen im dritten dagegen die Orientierungsabweichung der Rotationsachsen. Anders sieht es bei der zweiten Maschine aus: Hier dominieren beim Training die Positionierabweichungen der Linearachsen, beim Test jedoch die der Drehachsen. Dies ist ein Hinweis für eine Fehlzuordnung von Abweichungskomponenten.

Zusammenfassend ergibt sich folgende Erkenntnis:

Modell-Stufe 7 (mit Rundlauf-Abweichungen der Dreh-Achsen) scheint für die ausgewählte Messstrategie mit vier Kugelpositionen ein guter Kompromiss zu sein: Für alle Maschinen liegt die Kondition um den hypothetischen Grenzwert 100 und die RMSE Werte zeigen für weitere Modell-Stufen sowohl für Training als auch im Test eine starke Sättigung. Bestes Anpassungsverhalten zeigen die RMSE Werte für drei Spline-Intervalle bei den Linearachsen. Mit dieser Konfiguration kann ein RMSE (Test) zwischen 1,5 µm und 3 µm erreicht werden. Dies ist ein deutlicher Genauigkeitsvorteil im Vergleich zum normal eingesetzten Verfahren (Modell-Stufe 1) mit 5 bis 10 µm mittlerem Restfehler.

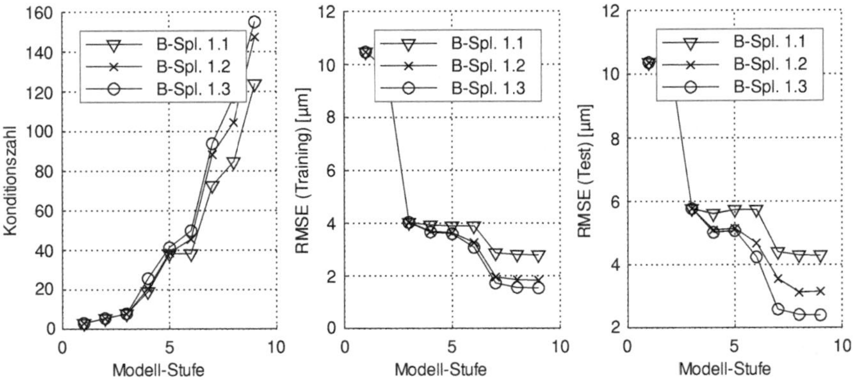

Bild 6.21: Modellvergleich für Maschine A

Model Comparison for Machine A

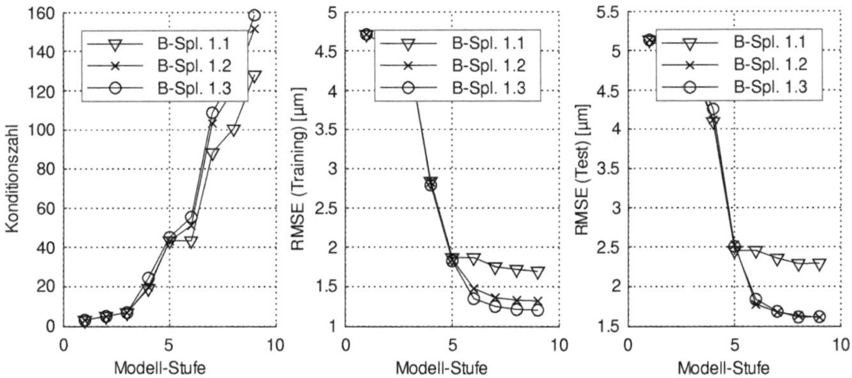

Bild 6.22: Modellvergleich für Maschine B

Model Comparison for Machine B

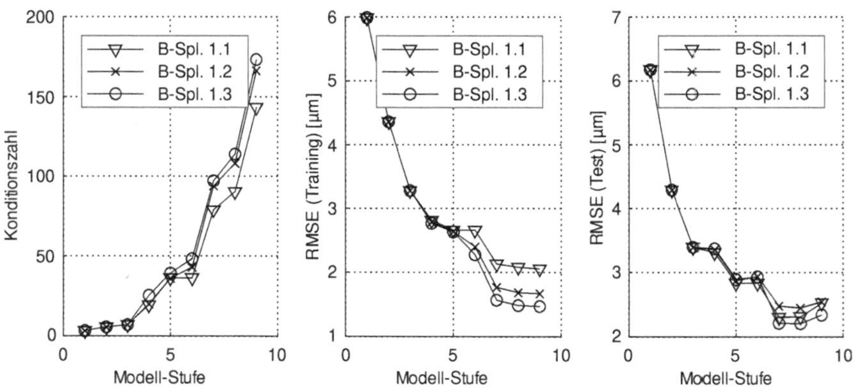

Bild 6.23: Modellvergleich für Maschine C

Model Comparison for Machine C

6.2.3 Variation der Messstrategie

Variation of Measuring Strategy

Die Analyse im vorhergehenden Abschnitt befasste sich nur mit den Ergebnissen einer mehr oder weniger zufällig gewählten Messstrategie. Um besser abgesicherte Erkenntnisse zur Modell-Performance zu gewinnen, werden nun die Ergebnisskenzahlen für eine Vielzahl möglicher Strategien ermittelt. Hierzu werden alle verfügbaren Kugelpositionen in vier Quadranten eingeteilt (siehe Kapitel 6.2.1). Eine Trainings-Strategie beinhaltet nun eine Kugelposition aus jedem Quadranten. Die üblichen Daten werden wie gewohnt für den Test verwendet. Für die erste Maschine können so 4 x 4 x 4 x 4 = 256 valide Messstrategien für das Training gebildet werden. Für die beiden anderen Maschinen sind es aufgrund der geringeren Anzahl an möglichen Kugelpositionen deutlich weniger.

Um die Zusammenhänge zwischen den drei Kennzahlen besser verstehen zu können, werden die Kennzahlen in Form von Streudiagrammen ausgewertet (siehe Bild 6.24 bis Bild 6.29). In vertikaler Richtung ist immer die Referenz für die erreichte Genauigkeit RMSE (Test) aufgetragen, in horizontaler Richtung jeweils eine der weichen Kennzahlen. Jeder Datenpunkt in diesen Diagrammen stellt das Ergebnis für eine spezifische Messstrategie dar. Aus Gründen der Übersichtlichkeit werden nur die Ergebnisse für drei ausgewählte Modell-Konfigurationen dargestellt. Dies sind die Modelle der Stufe 6 (Kreis), Stufe 7 (Stern) sowie Stufe 9 (Punkt). Die dargestellten Ergebnisse beziehen sich hierbei immer auf die Spline Konfiguration 1.3 (Splines ersten Grades mit drei Intervalle auf den Linearachsen).

Bereits auf den ersten Blick lässt sich eine räumliche Gruppierung der Daten in Bild 6.24 bis Bild 6.26 bezüglich der Modell-Stufen erkennen. Sieht man von den Ausreißerpunkten an der ersten Maschine ab, so lässt sich festhalten, das jeder Modellstufe ein eigener Bereich zugeordnet werden kann, der sich mit den Ergebnissen der vorhergehenden Analyse ungefähr deckt. Die Konditionszahlen hängen bei allen Maschinen primär von der Modell-Stufe ab. Besonderheit bei Maschine 1 ist jedoch, das es hier eine Teilmenge an Mess-Stategien gibt, die eine besonders hohe Kondition und gleichzeitig auch einen deutlich erhöhten RMSE (Test) aufweisen und im Diagramm deutlich als Ausreißer erkannt werden können. Abgesehen von dieser Besonderheit korreliert die Konditionszahl jedoch nicht eindeutig mit dem RMSE (Test) und ist daher für sich allein genommen kein geeignetes Mittel zur Vorhersage der Kalibriergenauigkeit.

Der RMSE (Test) verhält sich für die drei Maschinen recht unterschiedlich. Bei der ersten hängt er hauptsächlich von der Modell-Stufe ab und variiert, insbesondere bei Stufe 6 und 7, kaum innerhalb der Stufe. Bei den beiden anderen Maschinen hängt er primar von der Messtrategie ab und weniger von der gewählten Modell-Stufe. Insgesamt ist jedoch zu erkennen, das der RMSE (Test) bei Modell-Stufe 9 im Mittel am geringsten ist. Dies geht jedoch (zunindest bei Maschine 1 und 2) mit einer stärkeren Streuung der Ergebnisse einher.

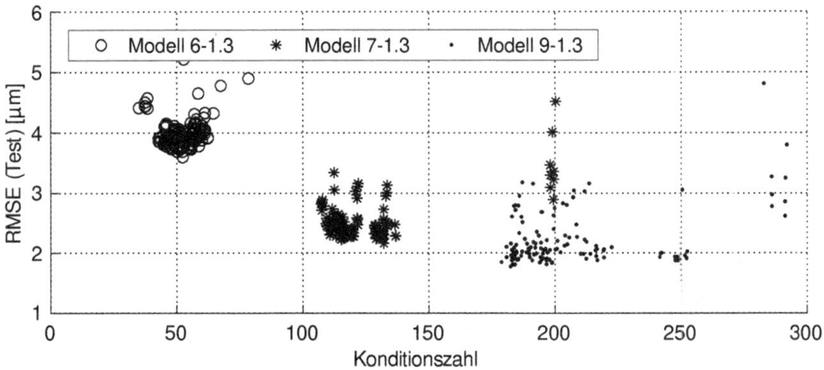

Bild 6.24: Korrelation der Konditionszahl für Maschine A

Correlation of Condition Numbers for Machine A

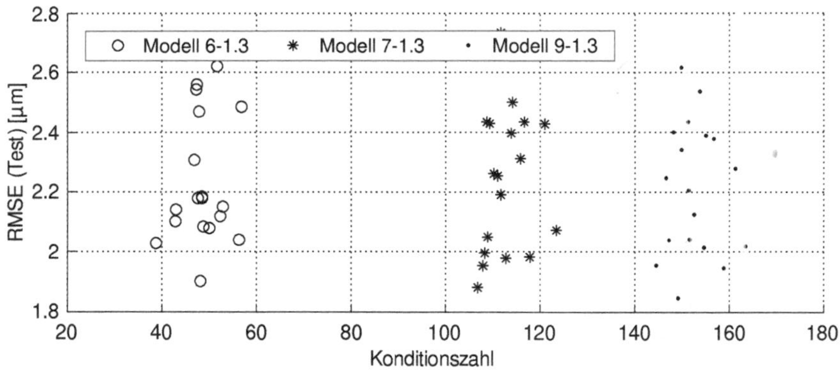

Bild 6.25: Korrelation der Konditionszahl für Maschine B

Correlation of Condition Numbers for Machine B

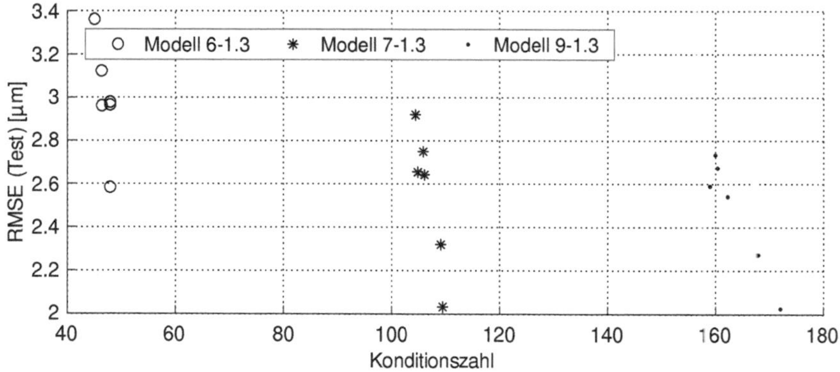

Bild 6.26: Korrelation der Konditionszahl für Maschine C

Correlation of Condition Numbers for Machine C

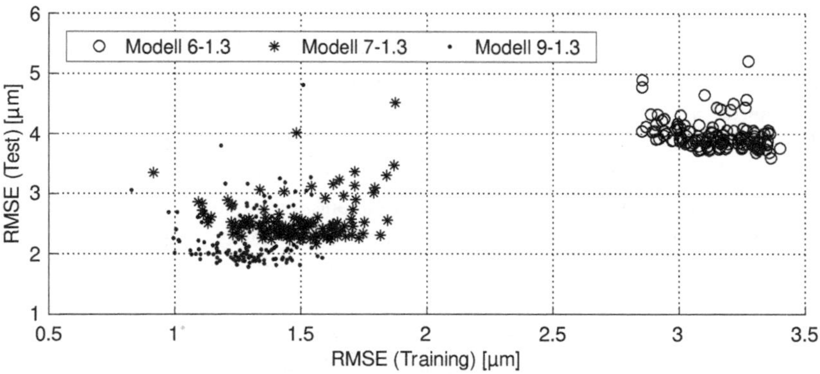

Bild 6.27 Korrelation der Residuen für Maschine A

Correlation of Residuals for Machine A

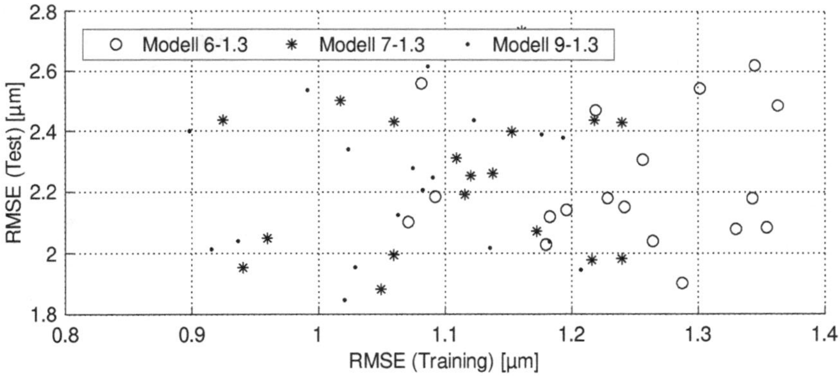

Bild 6.28: Korrelation der Residuen für Maschine B

Correlation of Residuals for Machine B

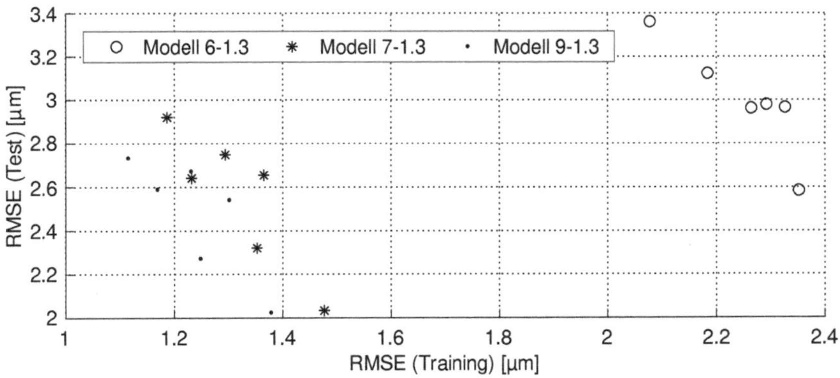

Bild 6.29: Korrelation der Residuen für Maschine C

Correlation of Residuals for Machine C

Auch bei der Analyse von RMSE (Training) zu RMSE (Test) lassen sich interessante Zusammenhänge entdecken (siehe Bild 6.27 bis Bild 6.29). Auch hier sind die Ergebnisse je Maschine unterschiedlich. Bei Maschine 2 lassen sich die Punkte-Wolken für die verschiedenen Modell-Stufen optisch kaum voneinander trennen: Der Einfluss der Messstrategie auf RMSE (Training) und RMSE (Test) ist größer als der Einfluss der Modell-Stufe. Maschine 1 und Maschine 3 zeigen ein anders Bild: Die Punkte-Wolken sind deutlich getrennt. Mit zunehmender Modell-Stufe werden sowohl RMSE (Training) wie auch RMSE (Test) gleichermaßen kleiner. Das Modell gibt mit zunehmender Komplexität das tatsächliche Maschinenverhalten also wie erwartet besser wieder.

Zur Identifikation vorteilhafter Messstrategien wird eine weitere Auswertung durchgeführt. Bild 6.30 zeigt die Abhängigkeit von Konditionszahl und RMSE (Test) von der Verteilung der Radien, bzw. der Höhen der Trainings-Kugelpositionen. Hierbei bedeutet ein Wert von -1 auf der horizontalen Achse nur kleine Radien bzw. Höhen. Ein Wert von +1 analog nur große Radien und Höhen. Bei 0 liegt eine optimale Mischung vor. Es zeigt sich, dass eine solche Mischung immer vorteilhaft ist. Die Werte für Konditionszahl und RMSE (Test) werden hier minimal.

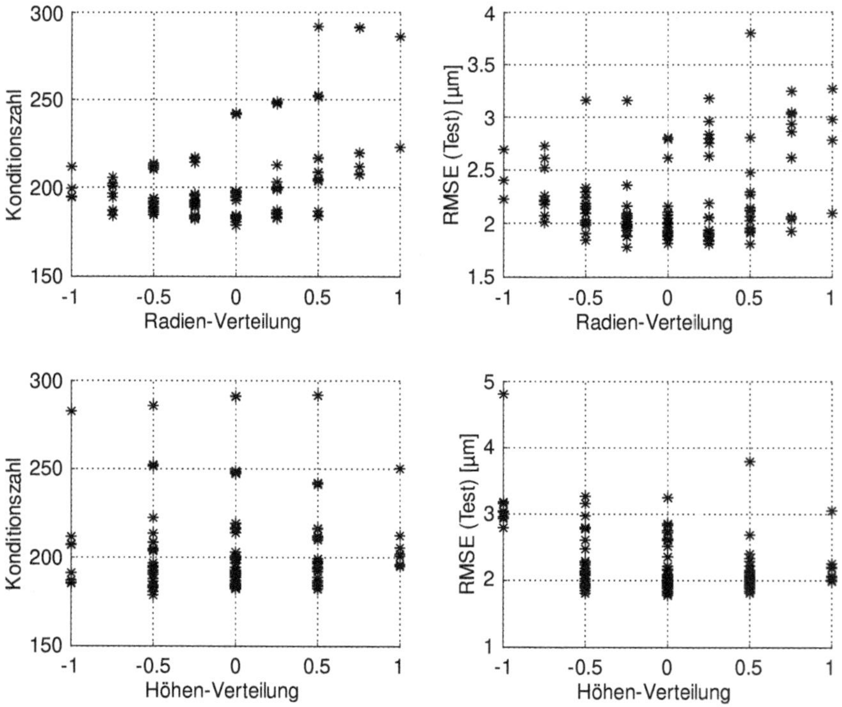

Bild 6.30: Messstrategieanalyse für Maschine A (Modell 7.1.3)

Analysis of Measuring Strategy for Machine A (Modell 7.1.3)

Zusammenfassend lässt sich festhalten:

- Die Genauigkeit der Kalibrierung ist neben der Modell-Konfiguration auch stark abhängig von der Wahl der Trainings- und Testdaten. Die Ursache hierfür ist, dass das Abweichungsverhalten der Maschine (inklusive Störgrößen) nicht vollständig im Modell abgebildet werden kann.
- Weder Konditionszahl noch RMSE (Training) sind dazu geeignet, RMSE (Test) sicher zu schätzen und so eine optimale Konfiguration der Kalibrierung zu ermöglichen. Einzig das Ergebnis, dass eine gleichmäßige räumliche Verteilung der Kugelpositionen einen vorteilhaften Einfluss auf Konditionszahl und RMSE (Test) hat, lässt sich bestätigen.
- An verschiedenenen Stellen der Auswertung zeigen sich Anzeichen für eine Überanpassung des Modells (Overfitting). Dies muss mit geeigneten Methoden weiter untersucht werden.
- Modell-Stufe 9 (maximale Modell-Komplexität) scheint im Mittel die beste Kalibriergenauigkeit RMSE (Test) zu erreichen. Da die Ergebnisse aber je nach Wahl der Trainingsdaten (Kugelpositionen) teilweise erheblich variieren, sind weitere Analysen hinsichtlich der Robustheit der Kalibrierung durchzuführen.

6.2.4 Analyse der Kalibrierunsicherheit

Analysis of calibration uncertainty

Um die Anfälligkeit des Modells für Störungen und Überanpassungen besser beurteilen zu können, wird nun überprüft, mit welcher Kalibriererunsicherhit zu rechnen ist, d.h. wie stark die ermittelten Einzelabweichungen streuen. Hierzu werden je Versuchsmaschine acht unterschiedliche Messtrategien ausgewählt, die der Grundanforderung für eine gute Kalibrierung entsprechen (ausgeglichene räumliche Verteilung der Kugelpositionen) und die vergleichbare Bereiche auf den Achsen abdecken. Dies kann erreicht werden, indem der maximale Radius der Kugelpositionen und der maximale Schwenkwinkel für alle Strategien ähnlich ist. Hierfür wird in Kauf genommen, das einzelne Kugelpositionen in mehreren Trainingsdatensätzen bzw. Messstrategien enthalten sind. Darüber hinaus wird die strikte Quadrantentrennung für die dritte Versuchsmaschine augrund der ansonsten zu geringen Anzahl an Kombinationsmöglichkeiten aufgehoben (siehe Tabelle 6.5 und Bild 6.16).

Nach der Auswahl wird das Ausgleichproblem für jede der acht Messtratgien gelöst und die Standardabweichung der ermittelten Kontrollpunkte verglichen mit der vorhergesagten Standardabweichung der Kontrollpunkte. Basis für die Vorhersage ist Gleichung (5.45).

Für eine bessere Übersicht wird nun zunächst die mittlere Standardabweichung über alle Kontrollpunkte eines Modells betrachtet. Im Zuge der Mittelwertbildung werden rotatorische Werte mit einem effektiven Hebelarm von 300 mm multipliziert. Für die Vorhersage wird die geschätzte Standardabweichung der Messwerte σ_b so gewählt, dass Theorie und Messung für Modell-Stufe 9 übereinstimmen. Die Ergebnisse sind in Bild 6.31 bis Bild 6.33 zu sehen. Die Spline-Konfiguration ist wie in den letzten Analysen gewählt (Typ 1.3).

Zunächst ist bemerkenswert, dass σ_b für alle drei Maschinen überraschend nah beieinander liegt (2,63 µm, 2,60 µm und 2.72 µm). Da es sich um ähnliche Maschinentypen sowie identische Messmittel handelt, ist dies jedoch durchaus plausibel und ein Indiz dafür, das eine Vorhersage der Kalibrierunsicherheit prinzipiell möglich ist. Für geringere Modell-Stufen ist die messtechnisch ermittlete mittlere Standardabweichung jedoch deutlich höher als der theoretische Wert. Dies lässt sich gut dadurch erklären, dass das Modell in diesem Fall nicht ausreicht, um die tatsächlichen Abweichungen ausreichend genau zu beschreiben.

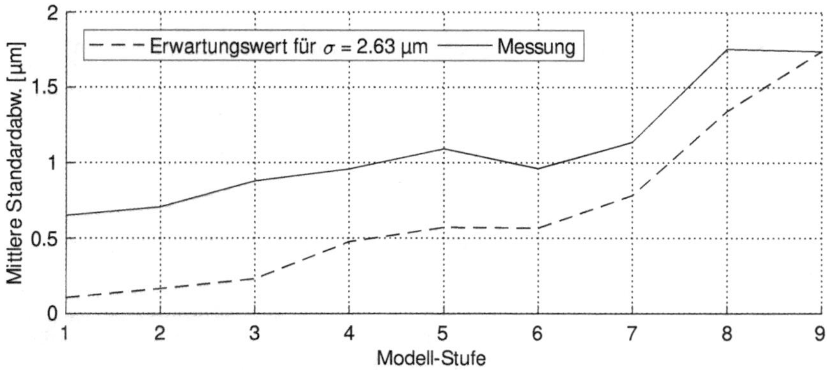

Bild 6.31: Mittlere Kontrollpunkt-Standardabweichung für Maschine A

Mean Control Point Standard Deviation for Machine A

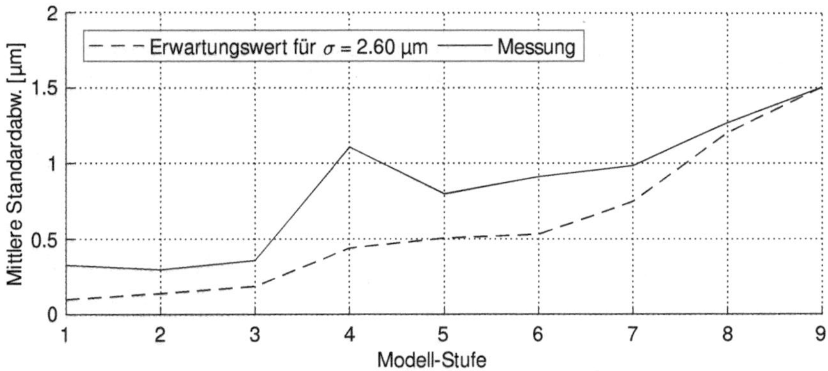

Bild 6.32: Mittlere Kontrollpunkt-Standardabweichung für Maschine B

Mean Control Point Standard Deviation for Machine B

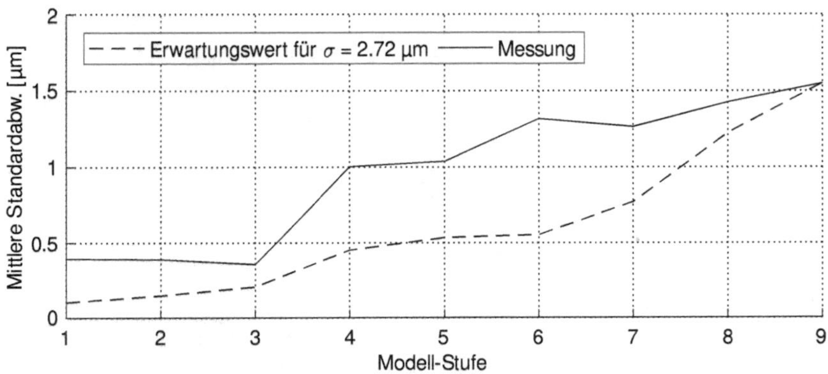

Bild 6.33: Mittlere Kontrollpunkt-Standardabweichung für Maschine C

Mean Control Point Standard Deviation for Machine C

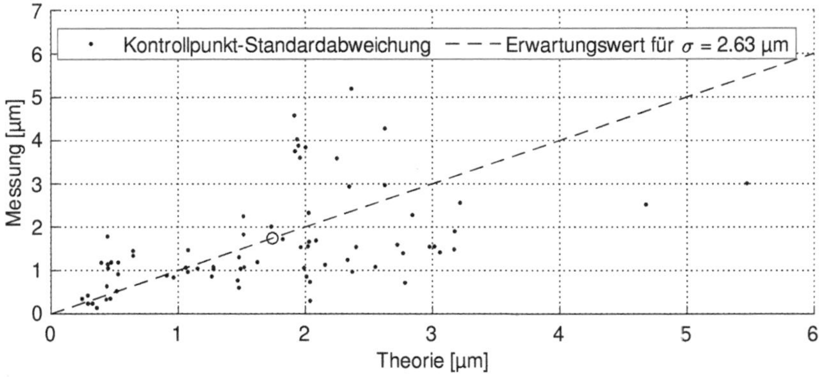

Bild 6.34: Kontrollpunkt-Standardabweichung für Maschine A (Modell 9.3.1)

Control Point Standard Deviation for Machine A (Modell 9.3.1)

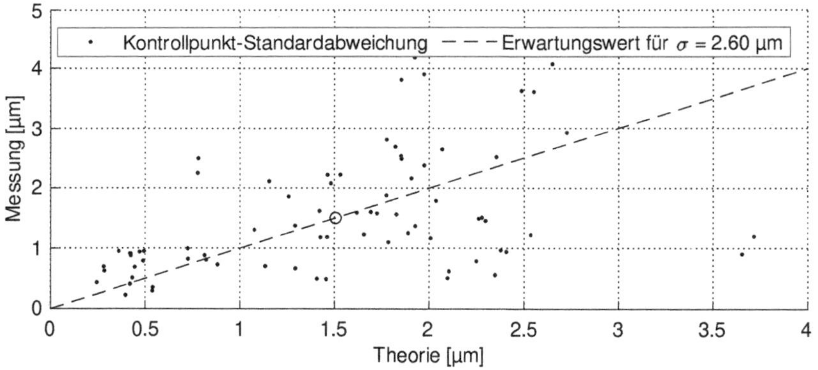

Bild 6.35: Kontrollpunkt-Standardabweichung für Maschine B (Modell 9.3.1)

Control Point Standard Deviation for Machine B (Modell 9.3.1)

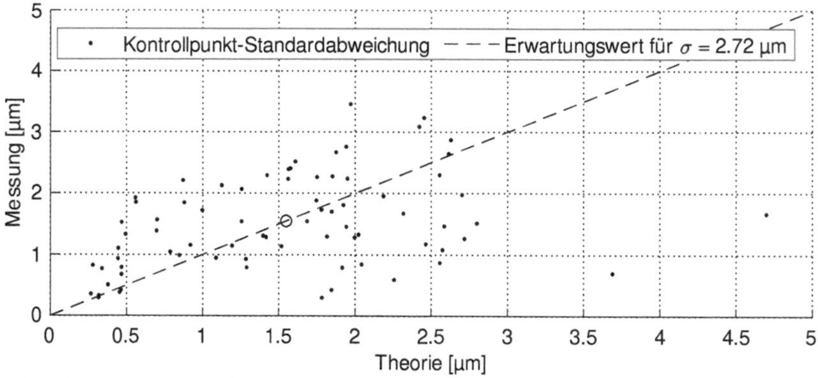

Bild 6.36: Kontrollpunkt-Standardabweichung für Maschine C (Modell 9.3.1)

Control Point Standard Deviation for Machine C (Modell 9.3.1)

Bemerkenswert ist jedoch auch der absolute Verlauf der gemessenen mittleren Standardabweichung. Er zeigt für die drei Maschinen eine ähnliche Charakteristik. Im Gegensatz zur Theorie gibt es keinen monoton steigenden Verlauf. Vielmehr besitzen die Kurven jeweils mindestens ein lokales Minimum. Dies spricht dafür, das es für jede Maschine eine optimale Modell-Stufe gibt. Diese optimale Modell-Stufe ist jedoch abhängig von den tatsächlichen Abweichungen der Maschine. Eine allgemeingültige Aussage lässt sich nicht treffen.

Bild 6.34 bis Bild 6.36 zeigen die Standard-Abweichungen für die Kontrollpunkte für die Modell-Stufe 9 im Detail. Die dargestellten Streudiagramme werden jeweils durch eine gestrichelte Grenzlinie für den Erwartungswert getrennt. Befindet sich ein Datenpunkt im unteren Dreieck, so ist die gemessene Standardabweichung kleiner als die erwartete. Befindet er sich dagegen im oberen Dreieck, so ist sie größer. Der in den vorhergehenden Bildern dargestellte Mittelwert wird durch einen Kreis auf der Grenzlinie markiert.

Alle drei Maschinen zeigen ein ähnliches Bild. Sowohl in Theorie wie auch bei der Messung streuen die Unsicherheiten der Kontrollpunkte und weichen deutlich vom Mittelwert ab. Darüber hinaus wird die gemessene Standardabweichung durch die Theorie in der gleichen Größenordnung über- wie unterschätzt.

Für die hier untersuchten Maschinen betragen die messtechnisch ermittelten Standardabweichungen größtenteils unter 3 µm. Da bei Splines ersten Grades der Fehler bei der Kontrollpunktermittlung gleichzusetzen ist mit dem maximalen Fehler der ermittelten Abweichungskurven, bedeutet dies, dass bei der Bestimmung der Maschinenabweichungen mit einem Kalibrierfehler (2 Sigma) von bis zu ± 6 µm gerechnet werden muss.

Bei Modell-Stufe 7 ist dieser Wert ca. 30% geringer, aber immer noch in einer Größenordnung, die als kritisch zu beurteilen ist. Zum besseren Verständnis sind in Bild 6.37 bis Bild 6.39 die messtechnisch ermittelten Abweichungsverläufe nach Modell 7-1.3 für jede Versuchsmaschine dargestellt. Jedes Einzeldiagramm stellt hierbei die acht alternativen Verläufe für jede einzelne Abweichung dar. Ausnahme sind die Lage- und Orientierungsabweichungen in der untersten Diagrammreihe. Da diese nur einen Kontrollpunkt besitzen, werden hier immer mehrere Abweichungen in einer Grafik zusammengefasst dargestellt.

Es ist deutlich zu erkennen, dass die Schwankung der Ergebnisse für viele Abweichungen in der Größenordnung der Abweichung selbst liegt. Eine Kalibrierung führt hier also nicht zwangsweise zu einer Verbesserung. Es ist jedoch positiv zu sehen, dass betragsmäßig große Abweichungen sicher ermittelt werden können.

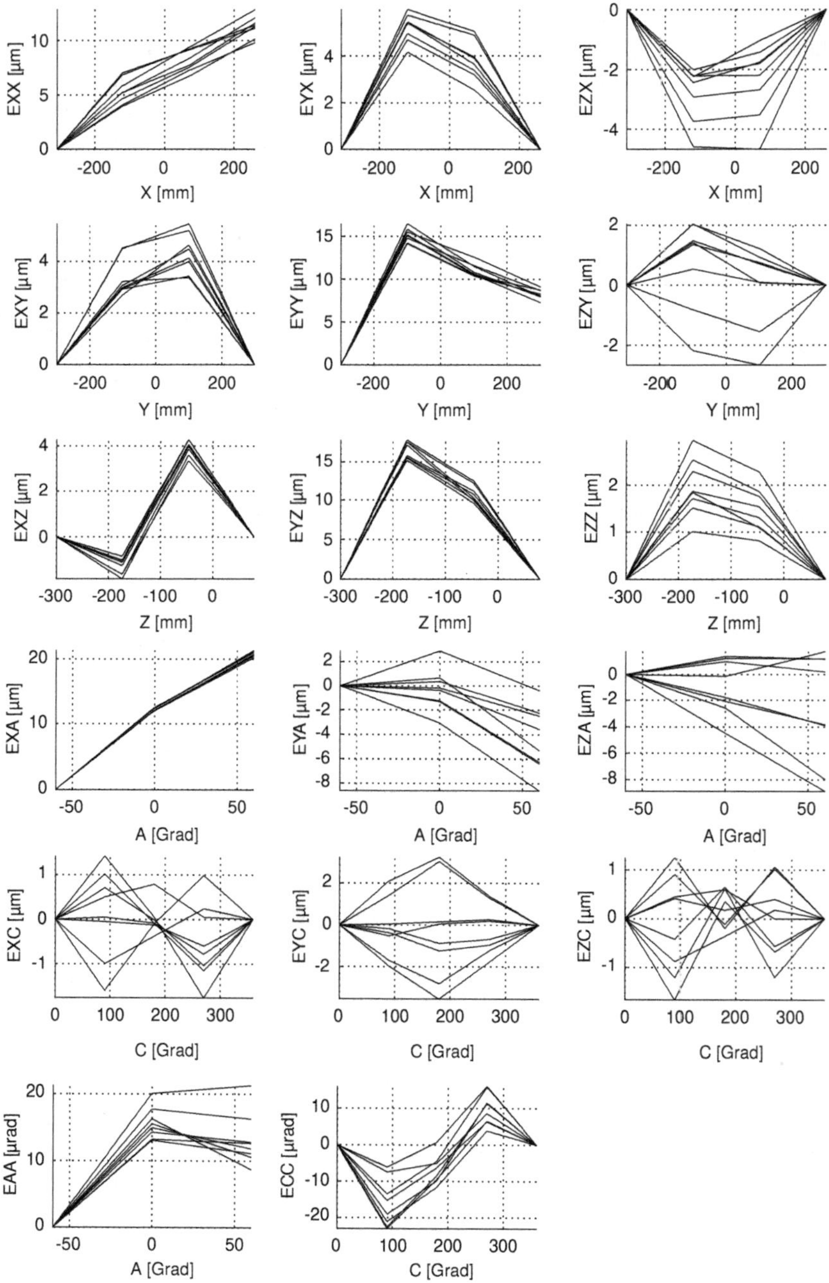

Bild 6.37: Ermittelte Bewegungsabweichungen für Maschine A (Modell 7-3.1)

Calculated Error Motions for Machine A (Modell 7-3.1)

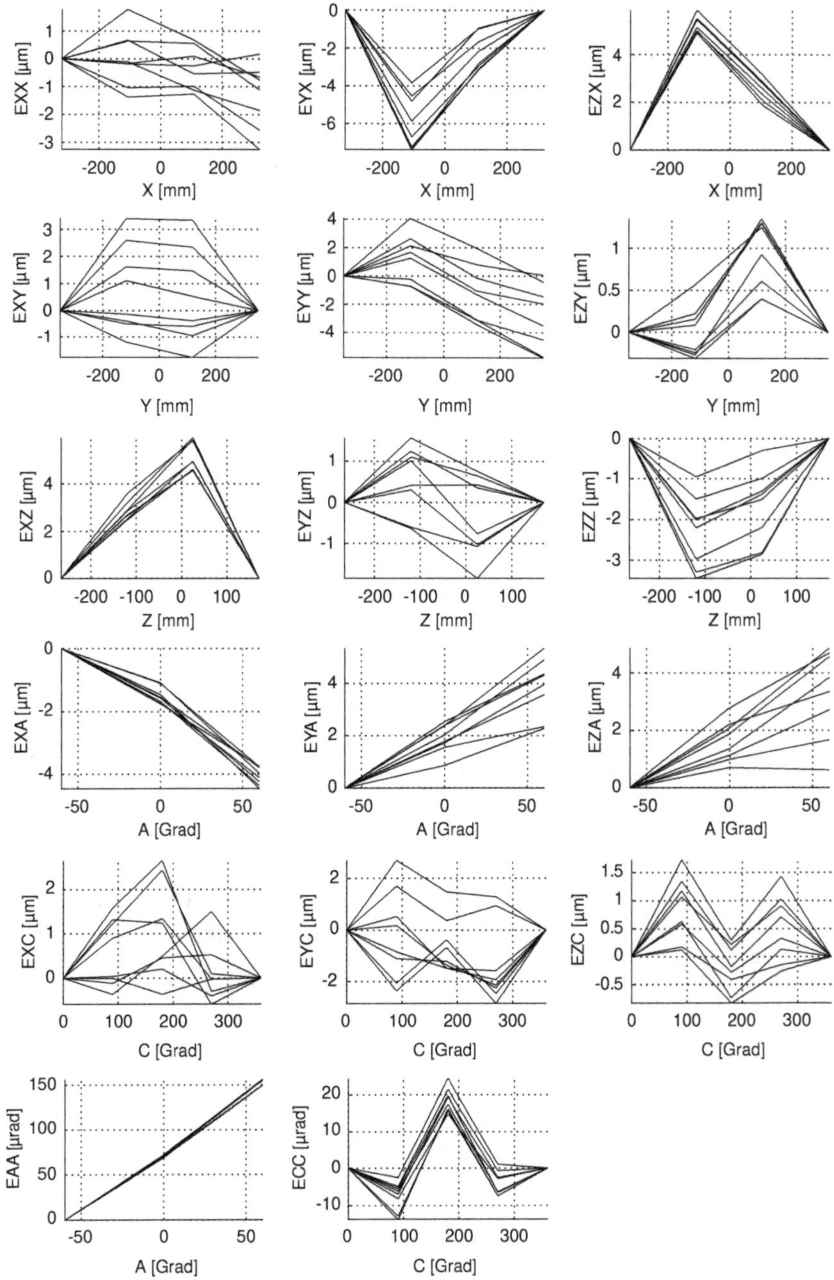

Bild 6.38: Ermittelte Bewegungsabweichungen für Maschine B (Modell 7-3.1)

Calculated Error Motions for Machine B (Modell 7-3.1)

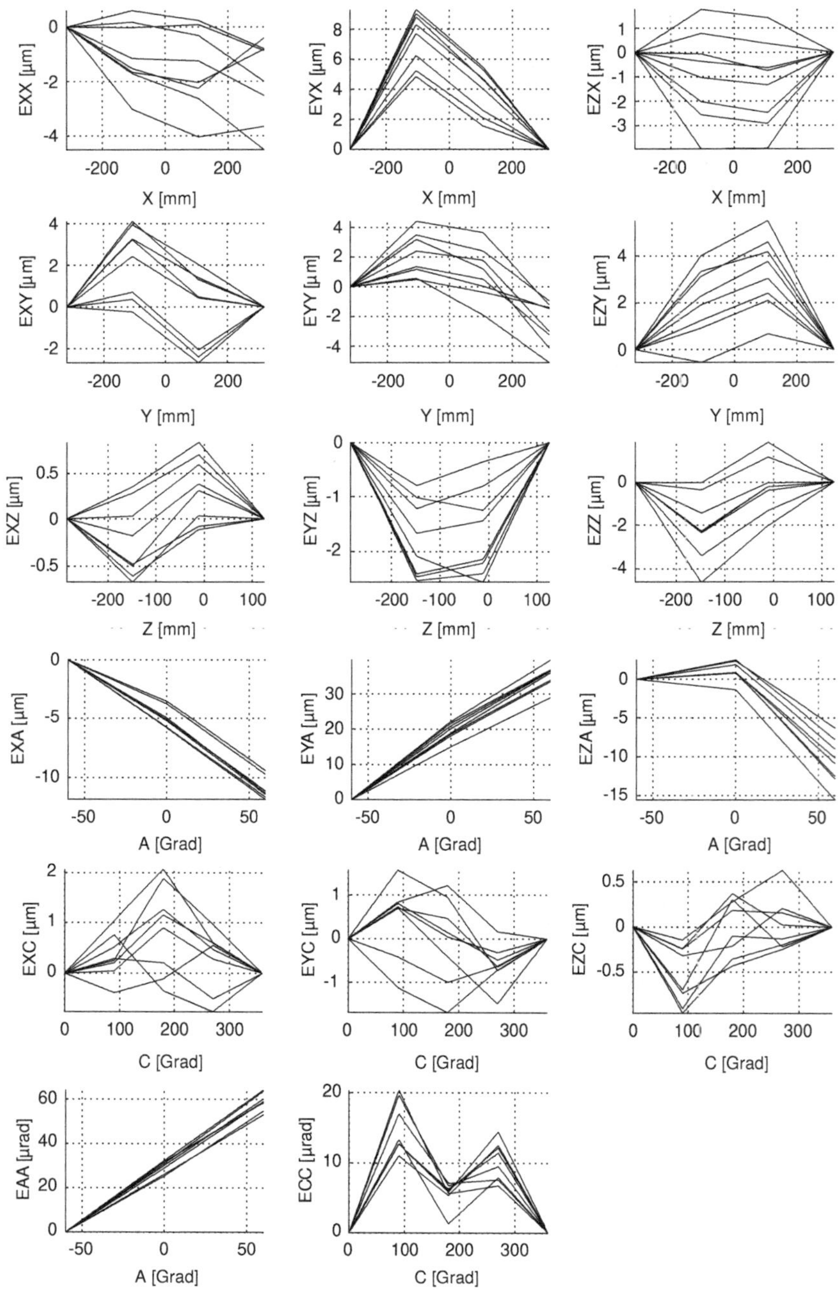

Bild 6.39: Ermittelte Bewegungsabweichungen für Maschine C (Modell 7-3.1)

Calculated Error Motions for Machine C (Modell 7-3.1)

6.2.5 Validierung der Ergebnisse

Validation of Results

Zur Validierung des Kalibrierverfahrens und der Ergebnisse der Systemanalyse wird folgender Ansatz gewählt.

- An einer Versuchsmaschine (Maschine A) wird ein Messdatensatz aufgenommen. Die Messung beinhaltet die Daten von vier Kugelpositionen für das Training und von einer Kugelposition für den Test (siehe Bild 6.41). Ansonsten entspricht die Messung den in Kapitel 6.2.1 aufgeführten Beschreibungen.
- Auf Basis dieser Messdaten werden die geometrischen Abweichungen der Maschine für verschiedene Abweichungsmodelle bzw. Modell-Stufen bestimmt.
- Die ermittelten Abweichungen für jede Modell-Stufe werden in den Kompensationstabellen der Maschine hinterlegt.
- Abschließend wird die Genauigkeit der Maschine für jede Modell-Stufe messtechnisch ermittelt. Hierfür wird jeweils der entsprechende Kompensationsdatensatz aktiviert. Die Ergebnisse werden mit vorhergesagten Werten verglichen.

Zur Erfassung der Maschinengenauigkeit werden analog [BREC17b] zwei Verfahren verwendet. Erstens wird zur Bestimmung der Fünf-Achs-Genauigkeit mit demselben Messmittel bzw. Messprozess wie bei der Kalibrierung gearbeitet, jedoch an einer unabhängigen Test-Kugelposition. Ein solcher Test liefert ähnliche Ergebnisse wie die Fertigung eines geeigneten Prüfwerkstückes [BREC14], benötigt aber nur einen Bruchteil der Zeit. Zweitens wird die 3-Achs-Genauigkeit mit einem unabhängigen Prüfverfahren, dem Kreisformtest, ermittelt (siehe Bild 6.40).

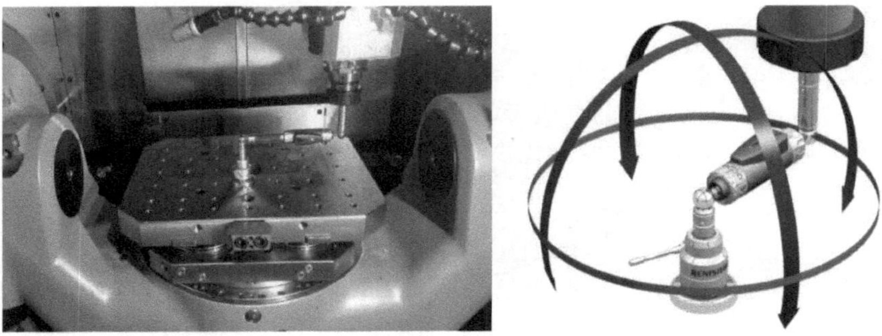

Bild 6.40: Kreisformtest mit QC20-W Ballbar [RENI13]

Circular Test with QC20-W Ballbar

Hierzu wird die Kreisformabweichung in drei Ebenen mittels einer QC20-W Ballbar [RENI13] bestimmt. Durch diesen Ansatz kann gewährleistet werden, dass prozessbedingte systematische Fehler der Kalibrierung erkannt werden. Für eine bessere Vergleichbarkeit der Ergebnisse wird der Kreisformtest so durchgeführt, dass sich die Positionen der Messpunkte mit denen des Tests an der fünften Kugelposition überschneiden. Hierzu wird die stationäre Basis der Ballbar in das Zentrum des Tisches gesetzt (siehe Bild 6.41). Der Bewegungsradius der Ballbar, wie auch der Test-Kugelposition, beträgt 150 mm.

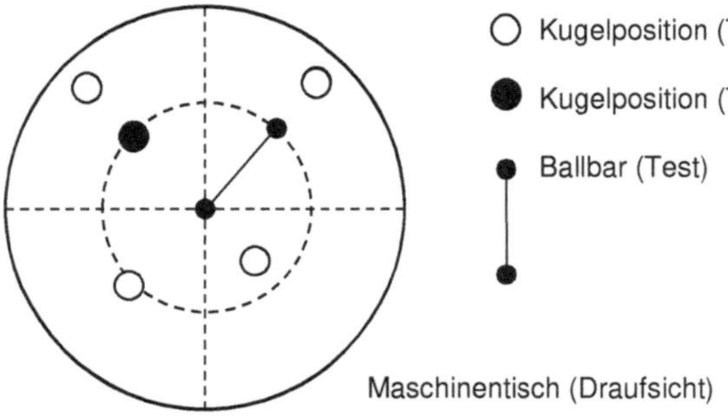

Bild 6.41: Messsaufbau für Kalibrierung und Validierung
Measuring Setup for Calibration and Validation)

Die Ergebnisse der Versuche sind in (Bild 6.42) zu sehen. Hier wird das Ergebnis der Kreuzvalidierung mit der Test-Kugel-Position mit der erreichten Fünf-Achs- bzw. Drei-Achs-Genauigkeit nach Kompensation verglichen. Es lässt sich auf den ersten Blick erkennen, dass die Ergebnisse bezüglich der unterschiedlichen Modellstufen stark korrelieren.

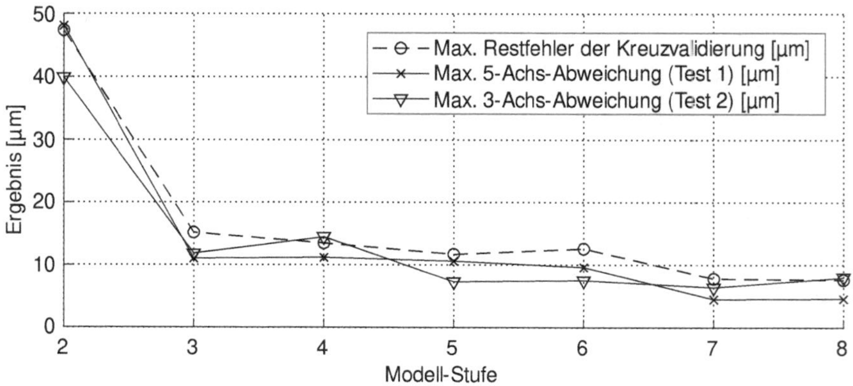

Bild 6.42: Ergebnis von Kalibrierung und Test je Modellstufe
Performance of Calibration and Test for Each Model Level

Anhand der Kurvenverläufe in Bild 6.42 lassen sich mehrere Aussagen treffen, die die Leistungsfähigkeit des Kalibrierverfahrens bestätigen und die Ergebnisse der Systemanalyse stützen:

- Das Kalibrierverfahren ist nachweislich dazu geeignet, die Maschinengenauigkeit effektiv zu steigern. Dies belegen die beiden Tests (R-Test und Kreisformtest) unabhängig voneinander.
- Die Genauigkeitssteigerung geschieht gleichermaßen fünf-achsig wie auch drei-achsig. Dies ist ein wichtiger Beleg dafür, dass die Einzelabweichungen korrekt identifiziert und kompensiert werden.
- Höhere Modellstufen (also Berücksichtigung von mehr unterschiedlichen Abweichungen) führen im Allgemeinen zu einem besseren Kalibrierergebnis. Dieser Zusammenhang wurde bereits in der Systemanalyse deutlich.
- Die Genauigkeit nach der Kompensation korreliert stark mit dem Ergebnis der Kreuzvalidierung.

Auf Basis dieser Ergebnisse kann davon ausgegangen werden, dass das Kalibrierverfahren in den vorgegebenen Grenzen fehlerfrei arbeitet und das die positionsbezogene Kreuzvalidierung ein geeignetes Mittel ist, die erreichbare Genauigkeitssteigerung abzuschätzen.

6.3 Zusammenfassung und Bewertung

Summary and Assessment

Im Rahmen der Systemanalyse wurde das Kalibrierverfahren hinsichtlich verschiedener Zusammenhänge im Detail betrachtet. Der folgende Abschnitt hat nun das Ziel, die wichtigsten Erkenntnisse zusammenzufassen und die erste der Forschungsfragen zu beantworten.

Die Ergebnisse der modellbasierten Systemanalyse beinhalten zwei überaus wichtige Erkenntnisse:

- Grundsätzlich kann ein vollständiges Starrkörpermodell abgebildet werden. Das Kalibrierproblem besitzt bei einer sinnvoll gewählten Messstrategien mit mehreren Kugelpositionen keine Singularitäten und auch die Konditionszahl ist moderat.
- Abweichungsverläufe können prinzipiell bis zu einer Komplexität von Splines zweiten Grades mit drei Intervallen modelliert werden, ohne dass sich numerische Instabilitäten zeigen. Splines ersten Grades sind jedoch robuster.

Die messtechnische Systemanalyse ergibt darüber hinaus:

- Eine numerische Analyse des Kalibrierproblems ist nur ein erster Hinweis auf die Zuverlässigkeit der Kalibrierung. Sie erlaubt aber keineswegs eine Vorhersage von Ergebnissen. Auch die Residuen der Messdaten sind hierfür nur bedingt geeignet, da eine Überanpassung des Modells nicht erkannt wird.
- Eine Kreuzvalidierung mit unabhängigen Testdaten liefert dagegen deutlich belastbarerer Ergebnisse. Auf Ihrer Basis können die erreichbare Genauigkeit der Maschine nach Kalibrierung sowie die Unsicherheit der berechneten Kalibrierparameter gut bestimmt werden.
- Anhand der Versuchsergebnisse lässt sich zeigen, dass sowohl die Drei-Achs- wie auch die Fünf-Achs-Genauigkeit der Maschinen mit Hilfe des Kalibrierverfahrens deutlich steigern lässt. Die Analyse der einzelnen Abweichungsverläufe zeigt aber, dass die Unsicherheit der einzelnen Kalibrierparameter selbst bei reduzierter Modellkomplexität oft in der gleichen Größenordnung wie die Kalibrierparameter selbst liegen.

Somit ergibt sich folgendes Fazit zur Beantwortung der ersten Forschungsfrage:

Die Stärke des Verfahrens liegt in seinem einfachen Messprozess, der in den gesamten Lebenszyklus der Maschine gut integriert werden kann. Eine klassische Kalibrierung der einzelnen Achsabweichungen kann das Verfahren aufgrund der zu hohen Unsicherheiten jedoch nicht vollständig ersetzen.

7 Experimentelle Anwendung

Experimental application

Aus der Systemanalyse geht hervor, dass das Kalibrierverfahren seine Stärken in einer möglichst einfachen und robusten Konfiguration optimal ausspielen kann. Diese Erkenntnis deckt sich mit dem etablierten Stand der Technik (siehe Kapitel 2.2). Daher wird im Folgenden ausschließlich analysiert, welche Kalibrierergebnisse mit dem einfachsten aller Messprozesse (eine Kugelposition) erzielt werden können. Abschließend wird dargestellt, wie der Stand der Technik zu bewerten ist und wie groß das derzeit noch nicht genutzte Potentiale der Kalibriertechnologie ist.

7.1 Versuchsaufbau

Experimental setup

Zur Untersuchung des Kalibrierverfahrens dienen 9 Versuchsmaschinen mit unterschiedlichen Achs- und Spindelkonfigurationen. Der Einsatzzweck der Maschinen variiert zwischen hochgenauer HSC-Bearbeitung für den Werkzeug- und Formenbau, universaler Mehrzweckbearbeitung sowie mehrspindliger Serienproduktion für die Automobilindustrie. Tabelle 7.1 zeigt eine Übersicht über den Maschinentyp, den untersuchten Arbeitsraum, die durchschnittliche Anzahl von aufgenommenen Messpunkten für die Kalibrierung sowie der resultierenden Messdauer.

Tabelle 7.1: Versuchsübersicht

Overview of Experiments

Versuchs-Nr.	Maschinen-Achsen	Spindel-Richtung	Messbereich [mm]			Mess-punkte	Messdauer [min]
			X	Y	Z		
1	CA-YXZ	Vertikal	280	430	390	70	15
2	CBY-XZ	Vertikal	220	270	420	72	37
3	CBY-XZ	Vertikal	220	270	420	72	19
4	CBY-XZ	Vertikal	220	270	420	72	31
5	CBY-XZ	Vertikal	240	130	350	92	28
6	CBY-XZ	Vertikal	240	130	350	92	20
7	CA-YXZ	Horizontal	330	380	380	62	18
8	CA-YXZ	Horizontal	150	170	120	74	21
9	CA-YXZ	Horizontal	150	170	120	74	21

Der Messprozess ist für alle Maschinen weitestgehend identisch: Nach einer ca. einstündigen Aufwärmphase wird ein Kalibrierprozess nach Kapitel 4.3 durchgeführt. Die Schwenkachse deckt hierbei einen Bereich von ±90° ab. Die Drehachse erfasst die vollen 360°. Die Schrittweite für beide Rotationsachsen liegt bei 30°. Hierdurch ergeben sich im Mittel 76 Messpunkte für eine Messung. Die Anzahl der Messpunkte variiert von Maschine zu Maschine in ±90° Stellung leicht, da in dieser Lage aufgrund Beschränkungen durch den Bauraum nicht alle Messpunkte auf der Kreisbahn erfasst werden können. Neben der Zahl der aufgenommenen Messpunkte hat auch die gewählte Vorschubgeschwindigkeit einen großen Einfluss auf die Messdauer. Da diese in den Versuchen nicht immer gleich ist, variiert die Messdauer, bei ansonsten identischen Maschinen bzw. Messprozessen. Die durchschnittliche Dauer einer Messung beträgt 23 min. Dieser Wert ist für die industrielle Anwendung durchaus akzeptabel und kann durch Optimierungen noch deutlich verringert werden.

Die Messung wird für drei weitere Kugelpositionen auf gleichem Radius und gleicher Höhe wiederholt. Die Trainingsdaten für die Kalibrierung beinhalten immer nur die Messdaten von einer Kugelposition. Getestet wird mittels Leave-One-Out Kreuzvalidierung anhand der Messdaten der jeweils drei anderen Positionen. Dieser symmetrische Versuchsaufbau wurde gewählt, um vergleichbare Datensätze für die Kreuzvalidierung zu erzeugen. Bei der Beurteilung der Ergebnisse ist zu beachten, dass ein Test auf anderen Radien mit großer Wahrscheinlichkeit zu höheren RMSE (Test) führt. Dieser Zusammenhang wurde im Rahmen der messtechnischen Analyse in Kapitel 6.2.3 beschrieben. In Bild 6.30 ist zu erkennen, dass der gemessene RMSE (Test) auf kleineren Radien um bis zu 40% höher ist, wenn nur auf größtmöglichem Radius trainiert wird.

7.2 Modellkonfiguration

Model configuration

Die Konfiguration der Abweichungsmodelle folgt in ähnlicher Weise wie in Kapitel 6.1.1. über kumulative Modell-Stufen. Jeder Modell-Stufe enthält die in Tabelle 7.2 aufgezählten Abweichungen sowie alle Abweichungen der vorhergehenden Stufen. Spline-Grad und -Intervalle sind auf Basis der Erkenntnisse aus der messtechnischen Analyse optimal konfiguriert und für alle Stufen festgelegt. Komplexere Spline-Konfigurationen führen aufgrund der geringen Anzahl an Messpunkten pro Intervall zu schlechteren Ergebnissen. Weiter Analysen zu diesen Parametern werden im Rahmen dieser Arbeit nicht dargestellt.

Aufgrund der bisher gewonnenen Erkenntnisse sind die Modell-Stufen (siehe Tabelle 7.2) für eine bessere Interpretierbarkeit der Ergebnisse etwas anders definiert:

- Die konstanten Abweichungsparameter Stufe 1 bis 3 bleiben unverändert.
- Stufe 4 wird neu hinzugefügt, um den industriellen Benchmark aus Kapitel 2.2.3 bestmöglich darzustellen. Diese Stufe stellt die Positionierfehler von X- und Y-Achse als einfachen Skalierungsfaktor bzw. Ausgleichsgrade dar. Der Skalierungsfaktor für die Z-Achse lässt sich aufgrund der in Kapitel 6.1.1. genannten Gründe nicht bestimmen und wird als abweichungsfrei definiert.
- Stufe 6 ist eine Ausnahme von der kumulativen Stufen-Definition. Sie ersetzt die vereinfachte Definition von Stufe 4 durch eine vollwertige 2-Intervall-Beschreibung der Positionierabweichung für alle Linearachsen.
- Die Bewegungs-Abweichungen der Drehachse werden in separate Modell-Stufen (11, 12 und 13) erst zuletzt berücksichtigt, da bei einer Messung mit nur einer Kugelposition davon ausgegangen werden muss, dass diese Abweichungen nur mit hoher Unsicherheit bestimmt werden können. Die feinere Stufen-Auflösung ermöglicht hier eine bessere Analyse.

Tabelle 7.2: Modell-Stufen mit Spline-Grad und -Intervallen
Model Ranks with Spline Degree and Intervals

Stufe	Berücksichtigte Abweichungen (kumulativ)	Grad	Intervalle
1	Lageabweichungen der Dreh- und Schwenkachse	0	1
2	Orientierungsabw. der Dreh- und Schwenkachse	0	1
3	Rechtwinkligkeitsabweichungen der Linearachsen	0	1
4*	Positionierabweichung der Linearachsen X und Y	1	1
5	Positionierabweichung der Schwenkachse	1	2
6*	Positionierabweichung der Linearachsen	1	2
7	Geradheitsabweichung der Linearachsen	1	2
8	Rund- und Planlaufabw. der Schwenkachse	1	2
9	Rollen, Nicken und Gieren der Linearachsen	1	2
10	Taumelabweichungen der Schwenkachse	1	2
11	Positionierabweichung der Drehachse	1	4
12	Rund- und Planlaufabweichung der Drehachse	1	4
13	Taumelabweichungen der Drehachse	1	4

7.3 Analyse der Versuchsergebnisse

Analysis auf experimental results

Im Folgenden werden die Ergebnisse für die Kalibrierung der neun Versuchsmaschinen zusammenfassend dargestellt. Hierbei liegt der Fokus nicht auf den Ergebnissen an einer einzelnen Maschine. Vielmehr wird durch Bildung von Kennwerten über alle Maschinen versucht, allgemein gültige Erkenntnisse abzuleiten. Hierfür werden die Daten für alle Versuche zunächst separat ausgewertet. Anschließend erfolgt die Berechnung von Minimum, Maximum und Mittelwert aus den Einzelergebnissen.

7.3.1 Ausgangszustand

Initial state

Für die Beurteilung des Kalibriererfolges wird vor allem der Root-Mean-Sqared-Error (RMSE) verwendet, da dieser Wert über die Ausgleichrechnung nach der Methode der kleinsten Fehlerquadrate minimiert wird und gleichzeitig die Einheit der Messwerte besitzt, also gut interpretierbar ist.

Zur besseren Einordnung der Analyseergebnisse, insbesondere der Kennzahlen RMSE (Training) und RMSE (Test), wird zunächst der RMSE der Maschinen im Ausgangszustand betrachtet (siehe Bild 7.1). Es liegt im Durchschnitt bei 11,5 µm. Vergleicht man diesen Wert mit dem Betragsmaximum über alle Messwerte (Durschnitt 38,4 µm) so zeigt sich, dass der Unterschied mit einem Faktor von 3,3 recht stark ausgeprägt ist.

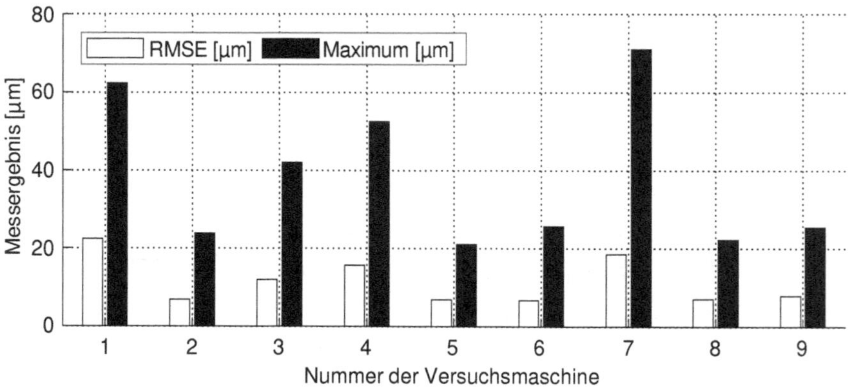

Bild 7.1: Maschinengenauigkeit im Ausgangszustand

Initial Machine Accuracy

Dieser Unterschied ist durch die mittelnden Eigenschaften des RMSE begründet, mit denen die Extremwerte geglättet werden, unabhängig davon, ob es sich um Messfehler oder echte Ergebnisse handelt. Dennoch berücksichtigt der RMSE die Extrema aufgrund der Quadrierung stärker als beispielsweise der einfache Betragsmittelwert. Um zu prüfen, ob RMSE und Maximum plausibel miteinander korrelieren oder das Verhältnis durch Messfehler verzerrt ist, genügt es, sich die Häufigkeitsverteilung der Messwerte näher anzuschauen. Als Beispiele sollen hier die Maschinen mit dem kleinsten und dem größten maximalen Messergebnis (Nummer 5 und 7) dienen. Die Häufigkeitsverteilung der Messwerte (siehe Bild 7.2) zeigt hier einen sehr gleichmäßigen Verlauf. Das Maximum ist nicht durch Ausreißer verfälscht.

Ein ähnliches Bild zeigt sich bei den anderen Maschinen. Hieraus kann nun geschlossen werden, dass der messfehlertolerante RMSE gut genutzt werden kann, um die Gesamtgenauigkeit einer Maschine zuverlässig zu beschreiben und dass der maximal zu erwartende Messwert in etwa drei Mal so hoch ist. Ist ein Messwert deutlich größer, so ist dagegen von einem Messfehler auszugehen.

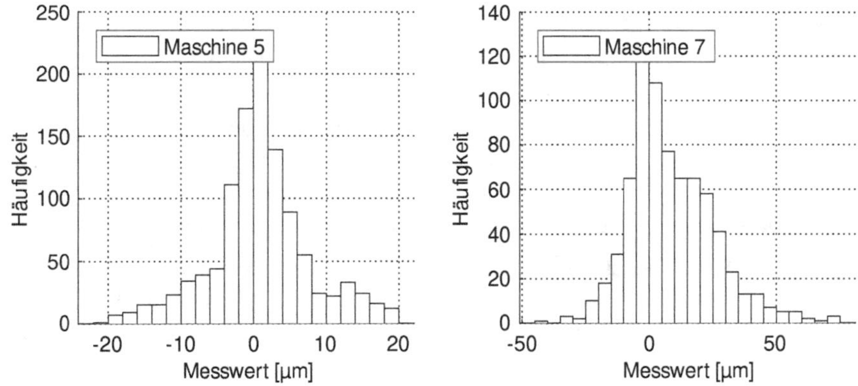

Bild 7.2: Exemplarische Häufigkeitsverteilungen der Messwerte
Exemplary Frequency Distribution of Measuring Values

Nicht zuletzt zeigen die gleichmäßigen Verläufe der Häufigkeitsverteilungen, dass die Datenaufnahme mit schaltendem Messtaster zuverlässig funktioniert und dass die Messergebisse sinnvoll ausgewertet werden können.

7.3.2 Numerische Eigenschaften
Numerical properties

Aufgrund der modifizierten Modell-Stufen ist es sinnvoll, noch einmal die Anzahl der Kontrollpunkte je Modell-Stufe (siehe Bild 7.3) zu prüfen, bevor man mit der Analyse weiterer numerischer Parameter beginnt.

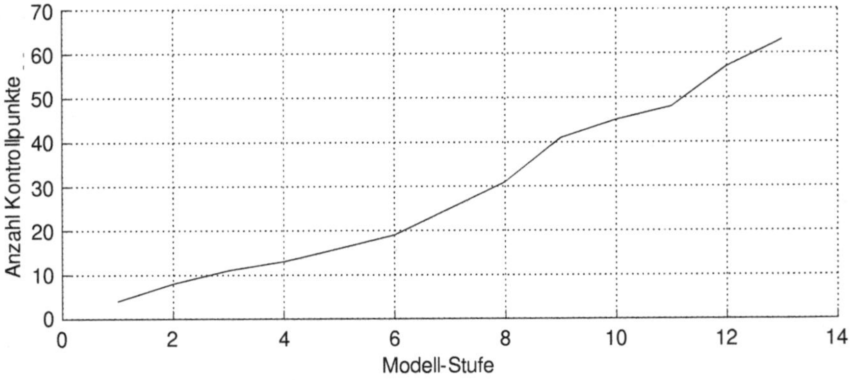

Bild 7.3: Anzahl Kontrollpunkte je Modell-Stufe

Number of control Points for Each Model Level

Durch die Modifikationen ergibt sich eine mehr oder weniger lineare Zunahme der Kontrollpunkte mit der Modell-Stufe. Dies erleichtert die Interpretation der weiteren Ergebnisse: Verhalten sich Kennzahlen nichtlinear, so kann dies nicht einfach mit der steigenden Kontrollpunktmenge begründet werden. Vielmehr müssen die spezifischen Unterschiede im Stufen-Übergang analysiert werden.

Erstes Beispiel für diesen Sachverhalt ist die Konditionszahl (siehe Bild 7.4). Sie zeigt im Mittel ein ausgeprägt nichtlineares Verhalten und steigt insbesondere bei der Modell-Stufe 9 (Rollen, Nicken und Gieren der Linearachsen) überproportional an. Diese Abweichungen scheinen also schwierig von den übrigen trennbar zu sein.

Auch in den Extremen ist der Übergang von Stufe 8 bis Stufe 9 äußerst markant. Im gleichen Maße wie der Mittelwert über alle Maschinen steigt, nimmt auch die Differenz von Minimum zu Maximum zu. Insgesamt ist also festzuhalten, dass die Konditionszahl auf ein robustes Verhalten bis Stufe 8 hindeutet, für höhere Stufen ist dies auf anderem Wege nachzuweisen.

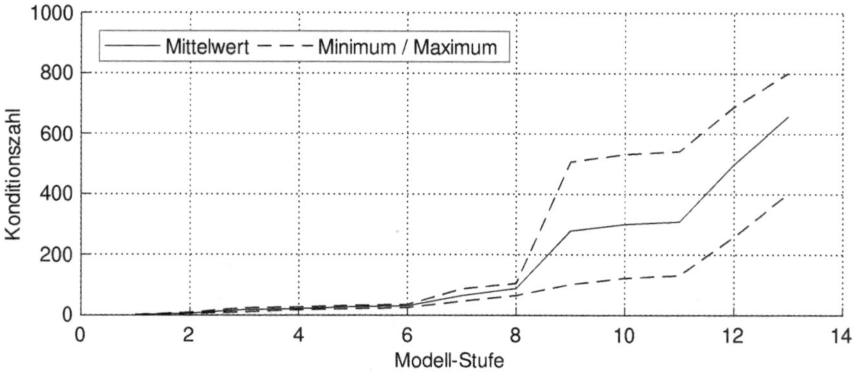

Bild 7.4: Konditionszahl je Modell-Stufe
Condition Number for each Model Level

7.3.3 Restfehler nach Kalibrierung

Residual Error After Calibration

Der RMSE (Training) beschreibt, wie gut die Messdaten mithilfe des gewählten Modells erklärt werden können. Wie auch in der messtechnischen Systemanalyse zeigt sich ein mit zunehmender Modell-Stufe monoton fallender Verlauf (siehe Bild 7.5). Dieser Zusammenhang ist einfach erklärbar: Mehr Freiheitsgrade (Kontrollpunkte) im Modell erlauben eine bessere Beschreibung des tatsächlichen Maschinenverhaltens.

In der aktuellen Auswertung über eine größere Anzahl von Maschinen ist folgender Sachverhalt darüber hinaus interessant:

- Der Verlauf des Mittelwertes zeigt mit zunehmender Modellstufe, d.h. mit linear zunehmender Anzahl von Kontrollpunkten, ein klares Sättigungsverhalten und nähert sich einem Grenzwert von ca. 1 µm an. Der Grenzwert ist von Maschine zu Maschine unterschiedlich und wird in hohem Maße durch die Wiederholgenauigkeit von Messtaster und Maschine definiert.

Aussagekräftiger als der Restfehler bei der Kalibrierung ist jedoch der Restfehler bei der Kreuzvalidierung. Die Ergebnisse unterscheiden sich deutlich (siehe Bild 7.6).

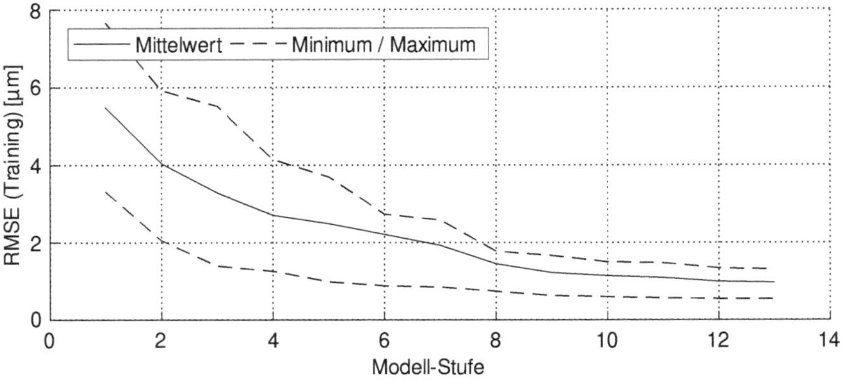

Bild 7.5: RMSE (Training) je Modell-Stufe

Condition Number for each Model Level

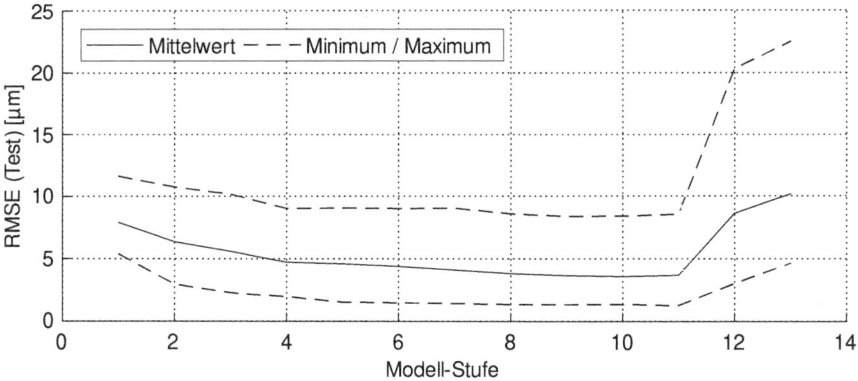

Bild 7.6: RMSE (Test) je Modell-Stufe

RMSE (TEST) for each Model Level

Zunächst ist der Restfehler im Test (Kreuzvalidierung) erwartungsgemäß höher. Insbesondere die Maximum-Kurve erreicht deutlich größere Werte. Wichtig bei der Interpretation ist, dass der Test auf demselben Kugelpositionsradius stattfindet wie das Training. Auf kleineren Radien wurden bis zu 40% höherer Werte beobachtet (siehe Bild 6.30). Kombiniert man diese Information mit der Annahme, dass der maximale Fehler ungefähr um den Faktor 3,3 höher als der RMSE ist (vergleiche Abschnitt 7.3.1), so ergibt sich beispielsweise für Stufe 8 im Mittel eine Worst-Case-Abschätzung von 18 µm Fünf-Achs-Abweichung nach Kalibrierung.

Darüber hinaus sind jedoch auch die Kurvenverläufe grundsätzlich anders:

- Die Sättigung ist viel stärker ausgeprägt. Während im Training der Unterschied von Stufe 1 zu Stufe 11 -80% beträgt, sind es im Test lediglich -53%. Dies ist auf nicht berücksichtigte systematische Effekte (z.B. Thermik und Gravitation) zurückzuführen.
- Ab Modellstufe 12 endet der Sättigungsverlauf. Der RMSE (Test) wird sprungartig schlechter. Die Abweichungen der Stufe 12 und 13 (Rundlauf, Planlauf und Taumel der Drehachse) können mit einer Kugelposition also nicht sinnvoll kalibriert werden.
- Die Differenz zwischen Maximum- und Minimum wird nicht wie beim RMSE (Training) immer kleiner. Sie bleibt im unterkritischen Bereich bis Stufe 11 nahezu konstant. Eine zunehmende Angleichung der Maschinen, wie auf Basis des RMSE (Training) angenommen, wird im Test also nicht erreicht.

7.3.4 Kalibrierunsicherheit

Calibration Uncertainty

Der RMSE (Test) ist als einzige Kennzahl zur Beschreibung der Genauigkeit nach Kalibrierung unzureichend, da er eine Fehlzuordnung von Abweichungen nicht erfasst. Eine Maschine kann beispielsweise einen sehr geringen RMSE (Test) haben, aber 3-achsig deutlich schlechtere Ergebnisse erzielen. Aus diesem Grund werden, wie auch in der messtechnischen Systemanalyse, neben dem RMSE (TEST) die gemessenen Standardabweichungen der einzelnen Kontrollpunkte ausgewertet.

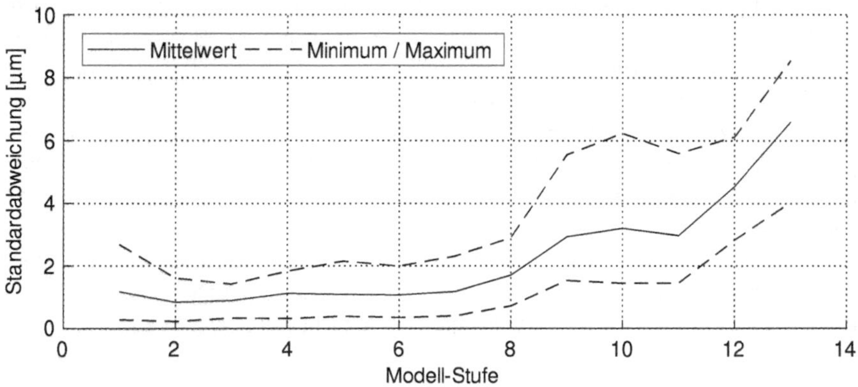

Bild 7.7: Mittlere Standardabweichung der Kontrollpunkte je Modell-Stufe

Mean Standard Deviation of Control Points for each Model Level

Hier zeigt sich bis Model-Stufe 7 (Geradheitsabweichung der Linearachsen) ein sehr guter, konstant flacher Verlauf mit einer mittleren Standardabweichung von ca. 1 µm. In den Stufen danach steigt er stark an.

Zur besseren Einordnung der Ergebnisse ist es sinnvoll, die Standardabweichung der Kontrollpunkte mit dem mittleren Betrag der Kontrollpunkte (siehe Bild 7.8) zu vergleichen. Im interessanten Bereich bis Stufe 7 liegt dieser Wert mit ca. 6 µm deutlich über der Standardabweichung von 1 µm, sodass durch die Kalibrierung mit einer deutlichen Verbesserung bezüglich der Einzelabweichungen zu rechnen ist.

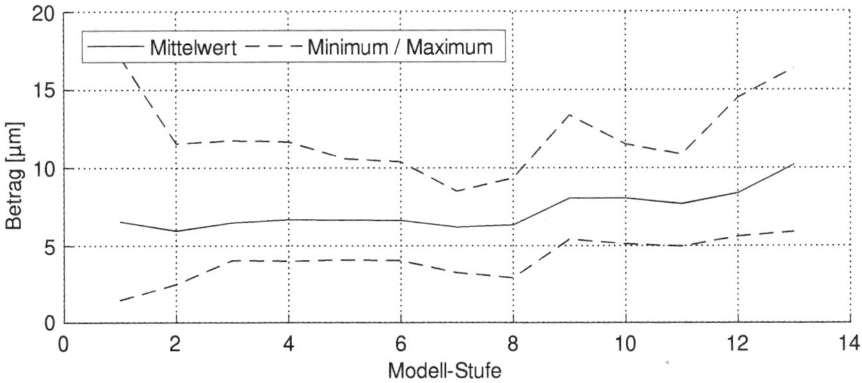

Bild 7.8: Mittlerer Betrag der Kontrollpunkte je Modell-Stufe
Mean Control Point Value for each Model Level

7.3.5 Einfluss des Messbereiches
Influence of Measuring Range

In der Praxis ist eine Messung über den vollen Schwenkbereich von ±90° oft nicht möglich. So ist beispielsweise eine einseitige Begrenzung des Schwenkwinkels bei 30° durch den Maschinenhersteller durchaus üblich. Auch erfordert einer Messung bei ±90° einen erhöhten Einrichtungsaufwand, da der Messprozess in der Regel aufgrund der kartesischen Arbeitsraumgrenzen oder aufgrund von Kollisionsgefahr eingeschränkt werden muss. Aus diesem Grund wird im Folgenden untersucht, welchen Einfluss diese Einschränkung auf die Ergebniskennzahlen hat. Bild 7.9 bis Bild 7.11 zeigen die Ergebnisse als Mittelwerte über alle Versuchsmaschinen. Bei der Interpretation der Auswertung ist zu beachten, dass der Trainings- wie auch der Testdatensatz gleichermaßen eingeschränkt werden. Die Fähigkeit zur Extrapolation auf nicht kalibrierte Schwenkwinkel ist daher in der Analyse nicht enthalten.

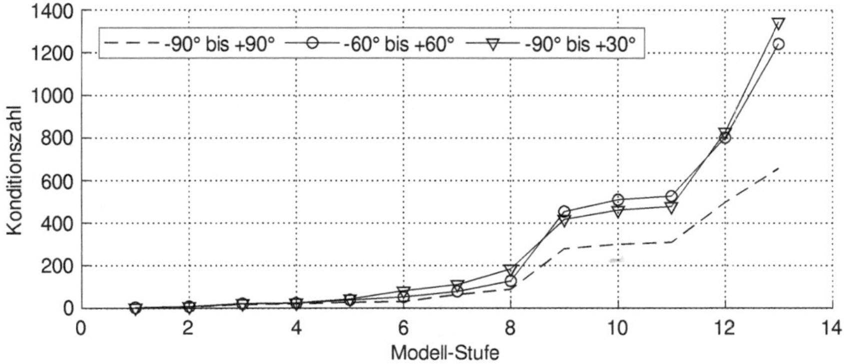

Bild 7.9: Einfluss des Messbereiches auf die Konditionszahl

Influence of Measuring Range on Condition Number

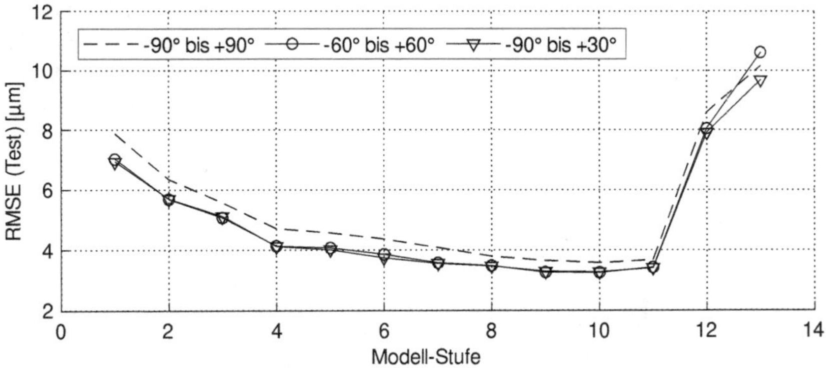

Bild 7.10: Einfluss des Messbereiches auf den RMSE (Test)

Influence of Measuring Range on RMSE (Test)

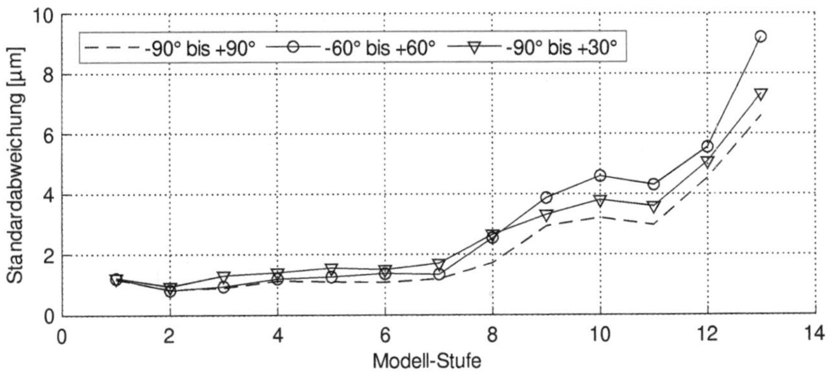

Bild 7.11: Einfluss auf die mittlere Standardabweichung der Kontrollpunkte

Influence on Mean Standard deviation of the Control Points

Die Auswirkungen eines kleineren Messbereichs sind folglich:

- Die Konditionszahl nimmt wie erwartet zu. Bis Stufe 7 aber nur moderat.
- Der RMSE (Test) ist für alle Stufen niedriger, da die tendenziell großen Messwerte in den Extremstellungen ausgeschlossen wurden.
- Die Standardabweichung der Kontrollpunkte nimmt für alle Stufen in vertretbarem Maße zu. Es muss jedoch im Schnitt mit 20% bis 30% höheren Werten gerechnet werden.

7.4 Bewertung der Versuchsergebnisse

Assessment of Experimental Results

In Rahmen der experimentellen Anwendung wurde die Leistungsfähigkeit des Kalibrierverfahrens an neun Maschinen untersucht. Der Messprozess beinhaltete lediglich eine einzelne Kugelposition und dauerte durchschnittlich 23 Minuten. In Tabelle 7.3 sind die Ergebnisse für ausgewählte Modellkonfigurationen bzw. -Stufen dargestellt. Der „Erwartungswert" für den verbleibenden Restfehler nach Kalibrierung wurde auf Basis des RMSE (Test) – dargestellt in Bild 7.6 – errechnet. Der Wert „Unsicherheit" wurde analog aus der messtechnisch ermittelten Standardabweichung der Kalibrierparameter (siehe Bild 7.7) abgeleitet.

Tabelle 7.3: Zusammenfassung der Versuchsergebnisse
Summary of Experimental Results

Model	Beschreibung	Restfehler nach Kalibrierung	
		Erwartungswert	Unsicherheit
Stufe 1	Großflächig angewendeter Industriestandard	Referenz	Referenz
Stufe 2	Theoretisch verfügbarer, aber nur spärlich angewendeter Industriestandard	-20%	-27%
Stufe 4	In Einzelfällen angewendete proprietäre Lösung [OKUM12]	-41%	-6%
Stufe 7	Maximales Leistungspotential mit ausreichend hoher Robustheit	-49%	+1%
Stufe 11	Theoretisches Genauigkeits-Maximum	-54%	+157%

Es zeigt sich, dass das Kalibrierverfahren in der Modell-Stufe 7 die Grenze der Leistungsfähigkeit erreicht. Diese Stufe beinhaltet folgende Abweichungen:

- Lage- und Orientierungsabweichungen aller Achsen
- Positionierabweichung der Linearachsen (linearer Verlauf, zwei Intervalle)
- Positionierabweichung der Schwenkachse (linearer Verlauf, zwei Intervalle)
- Geradheitsabweichung der Linearachsen (linearer Verlauf, zwei Intervalle)

Nach dieser Modell-Stufe steigt die Unsicherheit (messtechnisch ermittelten Standard-Abweichungen der Kalibrierparameter) deutlich an; die Lösung ist also nicht mehr ausreichend robust. Dennoch kann bereits mit dieser Stufe eine deutliche Verbesserung im Vergleich zu den bekannten Methoden erzielt werden.

Somit lässt sich die zweite Forschungsfrage wie folgt beantworten:

Derzeit wird das Potential des Messverfahrens nicht voll ausgeschöpft. Große Teile der Industrie verwenden eine technisch klar unterlegene Lösung (Modell-Stufe 1). Eine durchschnittliche Verringerung des Restfehlers um -49% kann erreicht werden, indem komplexere Modelle (Stufe 7) für die Kalibrierung verwendet werden. Der messtechnische Aufwand steigt dabei nur geringfügig. Äußerst interessant ist darüber hinaus, dass Stufe 2 gegenüber Stufe 1 deutlich genauer und robuster ist. Eine Anwendung in der Industrie kann uneingeschränkt empfohlen werden.

7.5 Abschließende Validierung

Final Validation

Zur Validierung der Ergebnisse werden ausgewählte Versuchsmaschinen kompensiert und anschließend charakterisiert. Im Folgenden sind exemplarisch die Ergebnisse für die Versuchsmaschine 1 dargestellt. Für die Charakterisierung werden dieselben Methoden wie in Kapitel 6.2.5 angewendet. Tabelle 7.4 zeigt die Ergebnisse.

Tabelle 7.4: Ergebnisse für Versuchsmaschine 1

Results for Test Machine 1

Validierungsmessung	Nach Kalibrierung mit Modell-Stufe1	Nach Kalibrierung mit Modell-Stufe 7	Vergleich
Max. 5-Achs-Abweichung an der Messkugel	26 µm	11 µm	-58%
Max. Kreisformabweichung in der XY-Ebene	10 µm	7 µm	-30%
Max. Kreisformabweichung in der XZ-Ebene	21 µm	13 µm	-38 %
Max. Kreisformabweichung in der YZ-Ebene	15 µm	6 µm	-60 %

Die Ergebnisse decken sich im Wesentlichen mit den prognostizierten Werten. Im Vergleich zum etablierten Industrie-Standard (Modell-Stufe 1) können an Versuchsmaschine 1 durch eine Kalibrierung mit Modell-Stufe 7 -30% bis -60% geringere Abweichungswerte erreicht werden.

8 Zusammenfassung und Ausblick

8.1 Zusammenfassung

Im Rahmen dieser Arbeit wurde ein Verfahren zur Selbstkalibrierung von Fünf-Achs-Bearbeitungszentren untersucht. Ziel einer solchen Selbstkalibrierung ist die Erfassung und numerische Kompensation der geometrischen Abweichungen der Maschine bei möglichst geringem messtechnischem Aufwand. Für die Kalibrierung sind lediglich eine Messkugel sowie ein Sensor zur Erfassung der Kugelposition (z.B. schaltender Messtaster) notwendig.

Folgende Forschungsfragen waren zu klären:

1. *Kann das Verfahren die klassische sequenzielle Kalibrierung einzelner Achsabweichungen ersetzen?*
2. *Wie sieht eine für den breiten Einsatz geeignete Verfahrenskonfiguration aus? Welches Verbesserungspotential besteht zum etablierten Stand der Technik?*

Zunächst wurden die im Rahmen der Arbeit eingesetzten Messprozesse definiert. Hierzu gehören einerseits der Messprozess für die Analyse der Verfahrenseigenschaften und andererseits der Messprozess für die experimentelle Anwendung des Verfahrens. Darüber hinaus wurde eine Automatisierungslösung vorgestellt, die dazu geeignet ist, umfangreiche Messungen mit geringerem Aufwand durchzuführen.

Im nächsten Abschnitt der Arbeit wurden die mathematischen Grundlagen für die Analysen hergeleitet. Dieses basieren im Wesentlichen auf B-Splines zur Beschreibung der kontinuierlichen Abweichungsfunktionen sowie homogenen Transformationen zur Darstellung der geometrisch-kinematischen Zusammenhänge.

Anschließend erfolgte die analytische sowie experimentelle Untersuchung des Kalibrierproblems. Es konnte gezeigt werden, dass sich die Maschinengenauigkeit durch Anwendung bestimmter Konfigurationen des Kalibrierverfahrens deutlich steigern lässt. Gleichzeitig wurde aber auch deutlich, dass die Unsicherheiten der einzelnen Kalibrierparameter oft in der gleichen Größenordnung wie die Kalibrierparameter selbst liegen. Eine sequenzielle Kalibrierung einzelner Achsabweichungen kann durch das Verfahren also nicht vollständig ersetzt werden (Forschungsfrage 1).

Zur Stützung der Ergebnisse erfolgte im letzten Abschnitt der Arbeit die Auswertung von Versuchen an weiteren Maschinen. Hierfür wurden neun Fünf-Achs-Bearbeitungszentren mit Hilfe ihres eigenen (schaltenden) Messtasters kalibriert. Es konnte gezeigt werden, dass mit einer geeigneten Verfahrenskonfiguration verlässliche Genauigkeitssteigerungen von +49% im Vergleich zum derzeitigen Stand der Technik (reine Kalibrierung der Lage der Rotationsachsen) erreicht werden können. Hieraus ergab sich das wahrscheinlich vorteilhafteste Anwendungsgebiet: Enge Einbindung in den Produktionsbetrieb (Forschungsfrage 2).

8.2 Ausblick

Eine Verbesserung der Maschinengenauigkeit ist nicht allein ausschlaggebend für die Etablierung eines Kaliberverfahrens. Große Teile der Maschinenanwender nutzen die von den Steuerungsherstellern mitgelieferten Kalibrierzyklen bereits heute nicht in vollem Umfang. Als Grund hierfür werden überwiegend Komplexität und Anfälligkeit für Anwendungsfehler genannt. Es ist daher entscheidend für den Erfolg einer Kalibriertechnologie, dass sie von den Maschinenherstellern integriert und so weit wie möglich automatisiert wird. Ein solcher Trend lässt sich deutlich beobachten. Einige Maschinenhersteller bieten bereits proprietäre Kalibrierlösungen zusammen mit ihren Maschinen an [DMG18b; OKUM12].

Auch der Forschungsbedarf zeigt klar in diese Richtung. Das Thema Kalibrierung muss enger mit der Expertise der Maschinenhersteller verzahnt werden und fester Teil des Produktlebenszyklus werden. So ist es vorstellbar, dass regelmäßig durchgeführte Kaliber-Zyklen zusammen mit anderen Datenquellen wie Temperatur- und Schwingungssensoren dazu genutzt werden, den Betriebszustand der Maschinen stets im optimalen Bereich zu halten. Hierfür ist das untersuchte Verfahren bestens geeignet. Größere Abweichungen können so frühzeitig entdeckt und durch geeignete Maßnahmen rechtzeitig behoben werden.

Darüber hinaus bietet es sich an, das Kalibrierverfahren für weitere Maschinentypen und Anwendungen anzupassen. So konnte bereits gezeigt werden, dass R-Test Messungen mit kontinuierlichen Bewegungsabläufen valide Ergebnisse produzieren, dabei aber nur einem Bruchteil der üblichen Zeit benötigen [BREC17e]. Hierdurch eröffnen sich neue Anwendungsmöglichkeiten wie zum Beispiel die Charakterisierung des thermo-elastischen Maschinenverhaltens [BREC17d; BREC18].

Andere Entwicklungspotentiale ergeben sich aus der Anpassung des Verfahrens an spezifische Anforderungen in der Serienfertigung. [LEE18] zeigt dies am Beispiel der anspruchsvollen Fertigungsprozesse für Blisks. Schlussendlich ist auch die Untersuchung alternativer Messstrategien, mathematischer Modelle oder Lösungsalgorithmen von Interesse. So konnte bereits gezeigt werden, dass sich das Ausgleichsproblem auch mit Hilfe eines Unscented Kalman Filters lösen lässt [BREC17a]. Hieraus ergeben sich wiederum neue Anwendungsmöglichkeiten.

Summary and Outlook

Summary

Within the scope of this thesis a method for the self-calibration of five-axis machining centers was investigated. The aim of such a self-calibration is the detection and numerical compensation of the geometrical errors of the machine with the least possible metrological effort. For calibration, only a measuring ball and a sensor for detecting the ball position (e.g., a touch-trigger probe) are required.

The following research questions had to be answered:

1. *Can the method replace the classic sequential calibration of individual axis deviations?*
2. *What does a process configuration suitable for broad application look like? What is the potential for improvement compared to the state of the art?*

First, the measurement processes used in the context of the work were defined. This includes on the one hand the measurement process for the analysis of the process properties and on the other hand the measurement process for the experimental application of the process. Furthermore, an automation solution was presented, which is suitable to perform extensive measurements with less effort.

In the next section of the paper, the mathematical basis for the analyses was derived. This is essentially based on B-splines for describing the continuous deviation functions and homogeneous transformations for representing the geometric-kinematic relationships.

Subsequently, the analytical and experimental investigation of the calibration problem was carried out. It was shown that the machine accuracy can be significantly increased by applying certain configurations of the calibration procedure. At the same time, however, it became clear that the uncertainties of the individual calibration parameters are often of the same order of magnitude as the calibration parameters themselves. Thus, a sequential calibration of individual axis deviations cannot be completely replaced by the method (research question 1).

To support the results, the final section of the thesis involved the evaluation of tests on additional machines. For this purpose, nine five-axis machining centers were calibrated using their own (touch-trigger) probes. It was shown that with a suitable process configuration, reliable accuracy increases of +49% can be achieved compared to the current state of the art (calibration of the position of the rotary axes only). This resulted in what is probably the most advantageous area of application: close integration into production operations (research question 2).

Outlook

However, an improvement of the machine accuracy is not the only decisive factor for the establishment of a calibration procedure. Many of the machine users already do not fully use the calibration cycles supplied by the control manufacturers. This is mainly due to complexity and susceptibility to application errors. It is therefore crucial for the success of a calibration technology that it is integrated and automated as far as possible by the machine manufacturers. Such a trend can be clearly observed. Some machine manufacturers already offer proprietary calibration solutions together with their machines [DMG18b; OKUM12].

The need for research also points clearly in this direction. The topic of calibration must be more closely linked with the expertise of the machine manufacturers and become an integral part of the product life cycle. It is conceivable, for example, that calibration cycles carried out on a regular basis, together with other data sources such as temperature and vibration sensors, could be used to keep the operating conditions of the machines within the optimum. The investigated calibration method is ideally suited for this purpose. Larger deviations can be detected at an early stage and remedied in good time by taking appropriate measures.

In addition, it is possible to adapt the calibration procedure to other machine types and applications. It has already been shown that R-test measurements with continuous motion produce valid results but require only a fraction of the usual time [BREC17e]. This opens new application possibilities such as the characterization of thermo-elastic machine behavior [BREC17d; BREC18].

Other development potentials result from the adaptation of the process to specific requirements in series production. [LEE18] illustrates this with the example of the demanding manufacturing processes for blisks. Finally, the investigation of alternative measurement strategies, mathematical models, or solution algorithms is also of interest. It has already been shown that the regression problem can also be solved with the help of an Unscaled Kalman Filter [BREC17a]. This in turn results in new application possibilities.

9 Literaturverzeichnis

References

[ALAM14] Alami Mchichi, N.; Mayer, J.R.R.: Axis Location Errors and Error Motions Calibration for a Five-axis Machine Tool Using the SAMBA Method. In: Procedia CIRP. Bd. 14, 2014, Nr. 1, S. 305–310

[ALAM18] Alami Mchichi, N.: Étalonnage des machines-outils à cinq axesConfiguration optimisée des artefacts et de la séquence de mesure de la méthode SAMBA en vue d'une estimation efficace des erreurs géométriques. Diss. École Polytechnique de Montréal, Kanada, 2018

[ALAM19] Alami Mchichi, N.; Mayer, J. R. R.: Optimal calibration strategy for a five-axis machine tool accuracy improvement using the D-optimal approach. In: International Journal of Advanced Manufacturing Technology. Bd. 103, 2019, Nr. 2, S. 251–265

[ALIC11] Alice Yew: Introduction to Scientific ComputingCurve fitting: least squares methods. Hochschulschrift. Brown University Providence, USA, 2011

[ALZM13] Alzmetall Werkzeugmaschinenfabrik und Gießerei Friedrich GmbH & Co. KG: Bearbeitungszentrum GS 1000. Altenmarkt/Alz, 2013. Firmenschrift

[ANSI89] Norm ANSI/AFBMA 10 (Juni 1989): Metall Balls

[BREC14] Brecher, C.; Flore, J.; Behrens, J.; Wenzel, C.: Accuarcy enhancement of 5-axis machining by controller based compensation. In: Proceedings of the 14th euspen International Conference, 02. - 06. Juni 2014, Dubrovnik, Kroatien

[BREC17a] Brecher, C.; Brozio, M.; Klatte, M.; Lee, T. H.; Tzanetos, F.: Application of an Unscented Kalman Filter for Modeling Multiple Types of Machine Tool Errors. In: Procedia CIRP. Bd. 63, 2017, Nr. 1, S. 449–454

[BREC17b] Brecher, C.; Behrens, J.; Lee, T. H.; Charlier, S.: Calibration of five-axis machine tool using R-test procedure. In: Proceedings of Lamdamap 12th International Conference & Exhibition, 15. - 16. März 2017, Wotton under Edge, UK

[BREC17c] Brecher, C.; Weck, M.: Konstruktion, Berechnung und messtechnische Beurteilung (Reihe: Werkzeugmaschinen Fertigungssysteme, Bd. 2). 9. Auflage Berlin: Springer, 2017.

[BREC17d] Brecher, C.; Behrens, J.; Klatte, M.; Lee, T. H.; Tzanetos, F.: Thermal Analysis of a novel five-axis machine tool using measuring probe and Rtest procedure. In: Proceedings of euspen's 17th International Conference & Exhibition, 29. Mai - 02. Juni 2017, Hannover

[BREC17e] Brecher, C.; Behrens, J.; Brozio, M.; Lee, T. H.; Sensen, D.: Rapid geometric calibration of five-axis machine tool using dynamic R-test. In: Proceedings of The 7th International Conference of Asian Society for Precision Engineering and Nanotechnology, 14. - 17. November 2017, Seoul, Korea

[BREC18] Brecher, C.; Lee, T. H.: Measurement and analysis of thermo-elastic deviation of five-axis machine tool using dynamic R-test. In: Procedia CIRP. Bd. 77, 2018, Nr. 1, S. 521–524

[BREC19] Brecher, C.; Weck, M.: Maschinenarten und Anwendungsbereiche (Reihe: Werkzeugmaschinen Fertigungssysteme, Bd. 1). 9. Auflage Berlin: Springer, 2019.

[BRIN06] Bringmann, B.; Knapp, W.: Model-based 'Chase-the-Ball' Calibration of a 5-Axes Machining Center. In: CIRP Annals - Manufacturing Technology. Bd. 55, 2006, Nr. 1, S. 531–534

[BRIN07] Bringmann, B.: Improving geometric calibration methods for multi-axis machining centers by examining error interdependencies effects. Diss. ETH Zürich, Schweiz, 2007

[DIN02] Norm DIN 5401 (August 2002): Wälzlager - Kugeln für Wälzlager und allgemeinen Industriebedarf

[DIN10] Norm DIN EN ISO 10360-2 (Juni 2010): Geometrische Produktspezifikation (GPS) - Annahmeprüfung und Bestätigungsprüfung für Koordinatenmessgeräte (KMG) - Teil 2: KMG angewendet für Längenmessungen

[DMG18a] DMG Mori AG: Kalibrierung der Maschinengeometrie leicht gemacht. Pfronten, 2018. Firmenschrift

[DMG18b] DMG Mori AG: TechnologiezyklenKomplexe Bearbeitungen einfach realisiert. Bielefeld, 2018. Firmenschrift

[EMAN87] Eman, K. F.; Wu, B. T.; DeVries, M. F.: A Generalized Geometric Error Model for Multi-Axis Machines. In: CIRP Annals - Manufacturing Technology. Bd. 36, 1987, Nr. 1, S. 253–256

[EVAN96] Evans, C. J.; Hocken, R. J.; Estler, W. T.: Self-Calibration: Reversal, Redundancy, Error Separation, and 'Absolute Testing'. In: CIRP Annals - Manufacturing Technology. Bd. 45, 1996, Nr. 2, S. 617–634

[FANU13] FANUC Corporation: Accuracy Compensation Functions. Oshino-mura, Japan, 2013. Firmenschrift

[FIDI18] Fidia S.P.A.: HMSHead Measuring System. San Mauro Torinese, Italien, 2018. Firmenschrift

[FLOR16] Flore, J.: Optimierung der Genauigkeit fünfachsiger Werkzeugmaschinen. Diss. RWTH Aachen, 2016

[GFMS16] GF Machining Solutions GmbH: Mikron HPM 600U und HPM 800U. Schorndorf, 2016. Firmenschrift

[HEID09] Dr. Johannes Heidenhain GmbH: KinematicsOptCalibration of Rotary Axes and Compensation of the Drift. Traunreut, 2009. Firmenschrift

[HEID10] Dr. Johannes Heidenhain GmbH: iTNC 530 Technisches Handbuch. Traunreut, 2010. Firmenschrift

[HONG12] Hong, C.; Ibaraki, S.; Oyama, C.: Graphical presentation of error motions of rotary axes on a five-axis machine tool by static R-test with separating the influence of squareness errors of linear axes. In: International Journal of Machine Tools and Manufacture. Bd. 59, 2012, August, S. 24–33

[HONG13] Hong, C.; Ibaraki, S.: Non-contact R-test with laser displacement sensors for error calibration of five-axis machine tools. In: Precision Engineering. Bd. 37, 2013, Nr. 1, S. 159–171

[IBAR11] Ibaraki, S.; Oyama, C.; Otsubo, H.: Construction of an error map of rotary axes on a five-axis machining center by static R-test. In: International Journal of Machine Tools and Manufacture. Bd. 51, 2011, Nr. 3, S. 190–200

[IBS16] IBS Precision Engineering BV: Inspektions- und Analyzer-Lösungen für Werkzeugmaschinen. Eindhoven, Niederlande, 2016. Firmenschrift

[ISO01] Norm ISO 10791-2 (März 2001: Prüfbedingungen für Bearbeitungszentren - Teil 2: Geometrische Prüfungen für Maschinen mit senkrechter Spindel oder mit Universalfräsköpfen mit senkrechter Hauptdrehachse (senkrechte Z-Achse)

[ISO05] Richtlinie ISO/TR 230-9 (März 2005: Test code for machine tools - Part 9: Estimation of measurement uncertainty for machine tool tests according to series ISO 230, basic equations

[ISO12] Norm ISO 230-1 (März 2012): Test code for machine tools - Part 1: Geometric accuracy of machines operating under no-load or quasi-static conditions

[ISO14a] Norm ISO 3290-1 (September 2014): Wälzlager - Rollenelemente - Teil 1: Metallkugeln

[ISO14b] Norm ISO 10791-6 (Dezember 2014): Test conditions for machining centres - Part 6: Accuracy of speeds and interpolations

[ISO15a] Richtilinie ISO/TR 16907 (April 2015): Machine tools - Numerical compensation of geometric errors

[ISO15b] Norm ISO 10791-1 (Februar 2015): Prüfbedingungen für Bearbeitungszentren - Teil 1: Geometrische Prüfungen für Maschinen mit waagerechter Spindel und mit zusätzlichen Fräsköpfen (waagerechte Z-Achse)

[ISO16] Norm ISO 230-10 (Februar 2016): Test code for machine tools - Part 10: Determination of the measuring performance of probing systems of numerically controlled machine tools

[ISO18] Norm ISO 230-11 (April 2018): Test code for machine tools - Part 11: Measuring instruments suitable for machine tool geometry tests

[KHAN10] Khan, A. W.; Wuyi, C.: Systematic Geometric Error Modeling for Workspace Volumetric Calibration of a 5-axis Turbine Blade Grinding Machine. In: Chinese Journal of Aeronautics. Bd. 23, 2010, Nr. 5, S. 604–615

[KNAP12] Knapp, W.; Ibaraki, S.: Indirect Measurement of Volumetric Accuracy for Three-Axis and Five-Axis Machine Tools, A Review. In: International Journal of Automation Technology. Bd. 6, 2012, Nr. 2, S. 110–124

[LAWS95] Lawson, C. L.; Hanson, R. J.: Solving least squares problems (Reihe: Classics in applied mathematics, Bd. 15) Philadelphia, USA: Society for Industrial and Applied Mathematics, 1995.

[LEE18] Lee, T. H.; Behrens, J.; Gierlings, S.: Approach for zero defect manufacturingGeometric calibration of five-axis machine tools for blisk manufacturing process. In: Proceedings of ASME Turbo Expo 2018: Turbomachinery Technical Conference and Exposition, 11. - 15. Juni 2018, Oslo, Norwegen

[LEI02] Lei; Hsu: Accuracy test of five-axis CNC machine tool with 3D probe–ball. Part I: design and modeling. In: International Journal of Machine Tools and Manufacture. Bd. 42, 2002, Januar, S. 1153–1162

[LI17] Li, J.; Xie, F.; Liu, X.-J.; Dong, Z.; Song, Z.; Li, W.: A geometric error identification method for the swiveling axes of five-axis machine tools by static R-test. In: International Journal of Advanced Manufacturing Technology. Bd. 89, 2017, Nr. 3, S. 3393–3405

[MAIE09] Schutzrecht DE 10 2005 008 055 B4 (02.01.2009). Maier, M.; Kettemer, R.: Verfahren zum Vermessen einer programmgesteuerten Werkzuegmaschine

[MAIE18] Offenlegungsschrift DE 10 2016 226 073 A1 (28.06.2018). Maier, M.; Marczinek, S.; Lochbihler, T.: Vorrichtung zum Einsatz in einer numerisch gesteuerten Werkzeugmaschine zur Verwendung in einem Verfahren zum Vermessen der numerisch gesteuerten Werkzeugmaschine

[MATS11] Offenlegungsschrift DE 10 2010 038 783 A1 (24.02.2011). Matsushita, T. A.: Verfahren und Programm zum Erkennen von mechanischen Fehlern

[MATS12a] Offenlegungsschrift DE 10 2012 209 017 A1 (06.12.2012). Matsushita, T. A.: Verfahren für das Berechnen eines Fehlerkompensationswertes für einer Maschine

[MATS12b] Offenlegungsschrift DE 10 2012 205 591 A1 (04.10.2012). Matsushita, T. A.: Verfahren und Programm zum Berechnen eines Korrekturwertes für eine Werkzeugmaschine

[MATS16] Offenlegungsschrift DE 10 2015 221 001 A1 (28.04.2016). Matsushita, T. A.; Oki, T. A.: Erkennungssystem für einen geometrischen Fehler und Erkennungsverfahren für einen geometrischen Fehler

[MAYE12] Mayer, J.R.R.: Five-axis machine tool calibration by probing a scale enriched reconfigurable uncalibrated master balls artefact. In: CIRP Annals - Manufacturing Technology. Bd. 61, 2012, Nr. 1, S. 515–518

[MORF04] Offenlegungsschrift WO 2004/034164 A1 (22.04.2004). Morfino, G.: System and Process for Measuring, Compensating and Testing Numerically Controlled Machine Tool Heads and Tables

[MORF13] Offenlegungsschrift EP 2 647 477 A1 (09.10.2013). Morfino, G.; Mignani, A.: EP2647477A1

[OKI15] Offenlegungsschrift DE 10 2014 223 743 A1 (11.06.2015). Oki, T. A.: Verfahren zum Identifizieren eines geometrischen Fehlers eines mehrachsigen Maschinenwerkzeugs und mehrachsiges Maschinenwerkzeug

[OKUM12] OKUMA COOPERATION: 5-Axis Auto Tuning SystemAuto tuning of geometric error on 5-axis machining center supports 5-axis machining. Oguchi-Cho, Japan, 2012. Firmenschrift

[OPS17] OPS-Ingersoll Funkenerosion GmbH: High Speed EaglePräzision - Power - Perfektion. Burbach, 2017. Firmenschrift

[PIEG95] Piegl, L.; Tiller, W.: The NURBS Book (Reihe: Monographs in Visual Communications, Bd. 1). 2. Auflage Berlin: Springer, 1995.

[PRES92] Press, W. H.: Numerical recipes in CThe art of scientific computing. 2. Auflage Cambridge, UK: Cambridge Univ. Press, 1992.

[RENI13] Renishaw plc: QC20-W wireless ballbar system description and specifications. Wotton-under-Edge, UK, 2013. Firmenschrift

[RENI14] Renishaw plc: Probing systems for CNC machine tools. Wotton-under-Edge, UK, 2014. Firmenschrift

[SCHR93] Schröer, K.: Identifikation von Kalibrationsparametern kinematischer Ketten (Reihe: Produktionstechnik - Berlin, Bd. 126). 1. Auflage München: Hanser, 1993.

[SCHW02] Offenlegungsschrift DE 101 26 753 A1 (12.12.2002). Schwenke, H.; Wäldele, F.; Wendt, K.; Franz, D.: Verfahren zur Genauigkeitssteigerung von Koordinatenmessgeräten und Werkzeugmaschinen

[SCHW08] Schwenke, H.; Knapp, W.; Haitjema, H.; Weckenmann, A.; Schmitt, R.; Delbressine, F.: Geometric error measurement and compensation of machines—An update. In: CIRP Annals - Manufacturing Technology. Bd. 57, 2008, Nr. 2, S. 660–675

[SIEM13] Siemens AG: SINUMERIK 840D sl Erweiterungsfunktionen. Nürnberg, 2013. Firmenschrift

[SIEM17] Siemens AG: SINUMERIK 840D sl Messzyklen. Nürnberg, 2017. Firmenschrift

[SOON92] Soons, J. A.; Theuws, F. C.; Schellekens, P. H.: Modeling the errors of multi-axis machines: a general methodology. In: Precision Engineering. Bd. 14, 1992, Nr. 1, S. 5–19

[TRAP04] Offenlegungsschrift EP 1 491 287 A1 (29.12.2004). Trapet, E.; Aguilar, M.; Spaan, H.: Self-centring Sensing Device

[VELD98] Veldhuis, S. C.: Modelling and compensation of errors in five-axis machining. Diss. McMaster University Hamilton, USA, 1998

[WEIK04] Weikert, S.: R-Test, a New Device for Accuracy Measurements on Five Axis Machine Tools. In: CIRP Annals - Manufacturing Technology. Bd. 53, 2004, Nr. 1, S. 429–432

[ZARG09] Zargarbashi, S.H.H.; Mayer, J.R.R.: Single setup estimation of a five-axis machine tool eight link errors by programmed end point constraint and on the fly measurement with Capball sensor. In: International Journal of Machine Tools and Manufacture. Bd. 49, 2009, Nr. 10, S. 759–766

[ZHU10] Zhu, W.; Wang, Z.; Yamazaki, K.: Machine tool component error extraction and error compensation by incorporating statistical analysis. In: International Journal of Machine Tools and Manufacture. Bd. 50, 2010, Nr. 9, S. 798–806

In der Reihe **Ergebnisse aus der Produktionstechnik** zuletzt erschienen:

Kreß, Julian Maximilian:
Erbringung hybrider Leistungsangebote in Wertschöpfungsnetzwerken
ISBN: 978-3-98555-128-6
Erscheinungsdatum: 24.01.2023

Behrens, Jan:
Selbstkalibrierung von 5-Achs-Bearbeitungszentren mit Dreh-/Schwenktisch
ISBN: 978-3-98555-124-8
Erscheinungsdatum: 24.01.2023

Bickendorf, Philipp:
Tribologische und geometrische Auslegung von additiv hergestellten Werkzeug-einsätzen zur Feinblech-umformung
ISBN: 978-3-98555-133-0
Erscheinungsdatum: 24.01.2023

Vierschillung, Sebastian Patrick:
Automatisierung der Standortauswahl in der Fabrikplanung
ISBN: 978-3-98555-134-7
Erscheinungsdatum: 09.01.2023

Wenning, Marius:
Kontextabhängige Anomaliedetektion zur visuellen Hinderniserkennung für automatisierte PKW im End-of-Line-Bereich
ISBN: 978-3-98555-121-7
Erscheinungsdatum: 19.12.2022

Helbig, Jens:
Typisierung und Auswahl von Referenzstrategien für den Werkzeugeinkauf
ISBN: 978-3-98555-122-4
Erscheinungsdatum: 19.12.2022

Schlegel, Peter:
Bewertung und Optimierung der Vollständigkeit von Betriebsdaten im Kontext der Fehlerprädiktion
ISBN: 978-3-98555-120-0
Erscheinungsdatum: 18.11.2022

Kukla, Christian:
Prozesstemperaturregelung in der laserunterstützten Verarbeitung von faserverstärkten thermoplastischen Verbundkunststoffen
ISBN: 978-3-98555-116-3
Erscheinungsdatum: 19.10.2022

Kiesel, Raphael:
Techno-Economic Evaluation of 5G Technology for Latency-Critical Applications in Production
ISBN: 978-3-98555-115-6
Erscheinungsdatum: 19.10.2022

Hahn, Viviane:
Bewertung der Wandlungsfähigkeit in der automatisierten Fabrikplanung
ISBN: 978-3-98555-102-6
Erscheinungsdatum: 10.10.2022

Edition Wissenschaft
Apprimus

Schäkel, Martin:
Adaptiver laserunterstützter Tapewickelprozess für die Herstellung von Druckbehältern aus endlosfaserverstärkten Thermoplasten
ISBN: 978-3-98555-107-1
Erscheinungsdatum: 12.08.2022

Elser, Hannes:
Fähigkeit von Bluetooth Low Energy zur signalstärkebasierten Rückverfolgung von Bauteilen in der Einzel- und Kleinserienfertigung
ISBN: 978-3-98555-099-9
Erscheinungsdatum: 12.08.2022

Busch, Max:
Intelligente Produktionsplanungsprozesse im Werkzeugbau
ISBN: 978-3-98555-095-1
Erscheinungsdatum: 14.07.2022

Fölling, Carsten:
Komplexitätsbeherrschung durch hybride Montageplanung
ISBN: 978-3-98555-090-6
Erscheinungsdatum: 30.06.2022

Ays, Johanna:
Kontextbasierte Integration agiler und plangetriebener Entwicklungsprozesse
ISBN: 978-3-98555-087-6
Erscheinungsdatum: 23.06.2022

Maslo, Semir:
Simulation of the Dynamic Vibration Behaviour and Spindle Speed Optimization During the Milling Process of Turbomachinery Components
ISBN: 978-3-98555-082-1
Erscheinungsdatum: 25.05.2022

Solf, Mareike:
Modellierung der Schleifkraft beim Kegelradschleifen
ISBN: 978-3-98555-106-4
Erscheinungsdatum: 12.08.2022

Henkel, Jérôme
Strategien zur Steigerung der Flächeneffizienz von Fabriken im urbanen Umfeld ISBN
ISBN: 978-3-98555-098-2
Erscheinungsdatum: 27.07.2022

Eßer, Bastian:
Analyse des Betriebsverhaltens von Kugelgewindetrieben unter statischen axialen Betriebslasten
ISBN: 978-3-98555-065-4
Erscheinungsdatum: 11.07.2022

Schulz, Martin:
Optimierung des Temperaturfeldes beim Laserstrahlhärten
ISBN: 978-3-98555-078-4
Erscheinungsdatum: 23.06.2022

Ebade Esfahani, Matthias:
Ontologie der Fabrikplanung mit Hilfe von Building Information Modeling (BIM)
ISBN: 978-3-98555-084-5
Erscheinungsdatum: 07.06.2022

Schmitz, Seth:
Datenbasierte Beschreibung der Prozessperformance in der Auftragsabwicklung
ISBN: 978-3-98555-079-1
Erscheinungsdatum: 19.05.2022

Edition Wissenschaft
Apprimus

FSC
www.fsc.org
MIX
Papier | Fördert gute Waldnutzung
FSC® C083411

Zeitfracht Medien GmbH
Ferdinand-Jühlke-Straße 7
99095 Erfurt, Deutschland
produktsicherheit@kolibri360.de